NATURKUNDEN

启蛰

讲述自然的故事

| 博物学书架 |

共生关系

大自然中令人惊讶的共存方式

[德] 约翰・布兰德施泰特
[德] 约瑟夫・H. 莱希霍夫　著
张晏　译

北京出版集团
北京出版社

献给萨皮娜·布兰德施泰特

目录

前言

一幅画胜过千言万语。本书的插图以特别的方式呈现出我们在大自然中根本看不出来的特别现象，令人印象深刻。而大自然又是那样丰富多彩，各种错综复杂的关系构建成网络，令人难以看透，而人类对于自然的感知能力在进化过程中早已丧失，没有得到很好的训练。这就需要一双艺术家的眼睛识别其中最重要的关联并进行描绘，合并同类项，剔除那些和主要问题不相干的现象，从而让那些隐藏起来、难以辨认的和别具一格的关系显露出来。创作了本书的艺术家具有特别的能力，艺术气质超群，特别擅长对大自然进行精确描绘。从某种程度上说，他们的描绘可能比照片还要精确，从而进入了另一个新领域，实现了客观存在和感官感受的紧密结合。这样创作出来的绘图作品涉及的场景实际上并不存在，却又是现实世界的真实写照，而且比计算机绘制的那些基于数据计算的图像模型内容更为丰满，更具表现力。在观察这些图片时，我们不需要详尽的解释就能明白它们想要传达的信息。起初可能会有一些模糊不清，尤其是这些图片里展示的生物看上去稀奇古怪，甚至不像真实存在的，因为我们平时不熟悉它们，又或者因为它们展示了我们无法直接观察到的细节。例如，真菌和藻类建立的亲密伙伴关系，这种以多种形态呈现的共生体被我们称作地衣，我们通常认为地衣和地钱或者其他贴地生长的植物一样是独立的植物。但事实上它们和植物有着本质上的区别，它们甚至都不应该被归类为植物。或者它们还是属于植物？因为当我们把目光投向普通植物并仔细研究时，就会发现，植物其实也代表着一种共生形态，这种形态在遥远的地球生命早期时代就已经发展出来。因为那些在显微镜下放大的绿色颗粒，也就是专业术语所称的叶绿体，其实是植物中的“租户”，它们和植物组成紧密的共同体，也正是它们使植物变成了绿色！正因如此，作为所有更高级生命体基础的植物世界也是共生体。不同生物以共赢为目的而共生，这一原则贯穿着整个生物界，这其中也包括人类。我们也代表着一个复杂的生命共同体，而我们自己，以真正意义上的“人”来衡量，甚至不占身体活细胞的主要部分。存活于我们体内和体表的微生物比我们的体细胞还要多，而我们也需要它们，如果没有那些生活在肠道里的细菌，我们就会饿死，或者必须依靠持续输液才能维持生命。离开了那些在皮肤上、口腔中和咽喉部以及身体其他孔窍存在的微生物菌群，我们将会在最短的时间内沦为危险病菌和真菌滋长的受害者。作为日常生活前提的社会分工被我们看作是一件理所当然的事情。如果社会分工不存在，那么我们也就无法进行人际间的交往。某人在某地为我们生产每天吃的面包，制造出我们能“直接购买”的产品，而我们或许还会以挑剔的目光来检查它们是否足够干净。我们开车或者骑自行车出行，而这些交通工具全部是由他人生产，我们使用各种不同渠道的信息和互联网，而互联网现在几乎顺理成章地成为生活必需品，就像呼吸的空气和插座里的电流一样。我们整个生活都依赖于一张包罗万象的网路，我们称之为社会，而整个人类其实早已包含在其中。独自在孤岛上生活的鲁滨孙是个有趣的故事，但即便是在这样的故事里也仍然需要一个仆人“星期五”的参与。在现实生活中，没有谁是一座孤岛。甚至一个庞大的社会也无法长时间与世界隔绝，否则必将走向灭亡，即使某些独裁者自认为可以强行颠覆这个规律，可以跟整个人类作对。我们更不可能和自然隔绝。无论现在和将来，自然都是我们生命的基础。我们和自然的生命网络紧密相连不可分割，并且完全依赖于这种全面的共生关系。本书阐述了这种共生关系的起源，共生关系以哪些不同的强度呈现，以及它们所带来的好处。书中的插画展示了共生关系的形态，这只是自然界海量共生关系的冰山一角。插图展示的仅仅是有代表性和重要的共生关系，还有精彩的以及令人印象深刻的例子。它们并非遵循一条贯穿始终的红线，因为在错综复杂的生命网络里并没有这样一条线。从这些例子当中我们可以发现，共生关系中两种生物相互间的依赖度是不同的，而且还很容易发展成为一种单方面的剥削关系，也就是寄生关系。共生关系大多建立在不同利益体之间的相互谅解和妥协之上。而这种关系并非对双方同样有益。这在我们看来也是符合人性的。理想的关系即便能够形成，也是很罕见的。但不完美的关系也可以是非常有益并从长期来看是成功的，就像共生关系这样。

共生关系的生命原则

什么是共生？

共生是指不同种类生物的共存形态。德语词“Sym-Biose”由两部分构成，意思就是共同生活。这个专业词汇源自希腊语，它所要表达的就是这个意思。但是共同生活却往往不像听上去那么简单。这一点我们人类是最清楚不过了。

虽然和谐是一个值得追求的目标，但更多时候却很容易走向不和谐、分裂，走向冲突和分离。共生在自然界是否能发展得更好呢？这个词汇到底指的是一种什么样的共同生活呢？这些插图向读者展示了一些颇有代表性的共生关系。有些关系非常紧密且高效。另一些看上去很松散，更像是人类在观察它们时产生的一种个人愿望，希望不同种类生物之间有持久和稳定的关系。其中有些关系很好理解，因为二者之间的互利是显而易见的。而共生的本质就是利益。每一段共生关系的紧密程度都不尽相同，只有当参与者都能从中获得好处时才能维持下去。而两种生物不一定体形一样大，或者在这段关系中扮演同样重要的角色。共生关系可能给一方带来很多益处，而另一方得到的则较少。但少也比没有强，所以同样还是有利可图的。大自然也会像人类做生意那样反复权衡利弊吗？我们可以计算盈亏，但这种计算往往不够彻底或者本身就是错误的，因为我们会固执地看好一桩生意，即使从客观角度来看，或者说从局外者的立场来看这桩买卖并不合适。在商业生活中，收支平衡的依据并非一直清晰无误，不然收支平衡怎能这么容易被伪造呢？在大宗贸易中甚至比日常生活中更容易伪造。所以当我们从经济角度来观察“大自然”时应该格外谨慎。因为在我们自己的经济活动中就存在着很多假象，也因为现实中研究大自然的生物学家绝大多数都是理想主义者。有些现象只是暂时的和短期的，却很容易被误以为是持久的共生关系。这一点我们在政治和经济生活中也能看到，只是我们不愿意承认罢了。因为透过适当的怀疑，再美好的表象最终也不过是一种幻想。另一方面，追求理想化和有利的假设也是必须的，这是为了使人类的共同生活尽量达到一个好的状态，经济和社会能够克服一切困难蓬勃发展。缺点能够被容忍，因为利益最终会超过缺点。当我们超越短期利害来权衡中期和长期的盈亏时，我们不能太过技术化地去理解它们。问题的本质是关于生命和生存。所以让我们尝试尽量客观地去探讨这些关系。例如，鸟类和昆虫共同生活在大自然中。当鸟儿捕捉昆虫时，这并不是一种共生现象。或者当它们吃掉植物的种子和嫩芽时也是如此。尽管昆虫的存在和数量构成了以它们为食的鸟类的生存基础，这种仅仅由进食必要性产生的结果也并不意味着共生。共生是一种特别的关系，所有参与者都应该获得利益。这种利益的获得应该是直接的，而不是通过复杂的生态系统绕路获取，就像从长久来看，昆虫其实也"得到了一些好处"，因为它们的很多同类被鸟儿捕食，这样就避免了疾病的暴发和蔓延，而疾病对于昆虫的毁灭性打击要远远大于鸟喙。所以，我们暂且忽视这种相互作用，就像众所周知的那样，我们不愿意正视死亡是生命的一部分，只有通过死亡才最终能够实现世代延续和进化发展。对于当下的人类、动物和植物而言，这是关乎生命和生存的，从多方面来看都像是赫伯特·斯宾塞描述的"为生存而斗争"，这个理念后来被查尔斯·达尔文所继承，他认为光用"战斗"一词还不足以形容这种斗争的惨烈程度，而应该换成"奋斗"，其实也可以理解为挣扎着生存。对于这种艰难求生，为了尽可能克服生活中的艰险，"战斗"所能提供的帮助大部分时候比不上合适的伙伴关系以及合作。但是这类关系并不容易识别。一些非常有益的共生关系发展得非常隐秘，或者它们的关系已经亲密到向外呈现为一个整体的程度。我们之前提到过地衣中的菌藻共生就是最著名的例子。这种共生关系是如此亲密，以至于植物形态的地衣看上去像独立的生命体。菌藻的共生伙伴关系只能通过非常精确的显微镜检查才能识别。然而自

"战斗"所能提供的帮助大部分时候比不上合适的伙伴关系以及合作。但是这类关系并不容易识别。

然界还存在一些更为亲密的伙伴关系。它们的共同体是如此的先进，以至于人们很难相信它们是如何从遥远的过去发展到这个状态，形成了一个新的并且非常成功的统一体，比如植物体内含有叶绿素的那些颗粒（叶绿体），它们曾经是自由生活的细菌。我们如果能够通过简单的例子来了解共同体的发展过程，最终我们也能认识和理解这些共生现象。所以有必要把这些共生关系分类归纳到生物之间的关系谱中。这其中大部分的形式我们都已从人类世界相对应的关系中所熟悉。

让我们先从几个简单明了的例子开始。首先观察这些例子有一个好处，它们并不会因为人类生活中我们已经定性的类似事件而让人产生先入为主的偏见。这样的例子有很多。而那些人类为了短期利益而干涉共生关系最后导致不良后果的例子也有不少。另一些共生关系会告诉我们，在坏事情里面也可能有很多好的方面，而一些短期的改善却最终会发展为中长期的恶化。最后我们将会认识一些共生关系，从生物学角度对这些关系的研究结果能革命性地改变我们对于生命本身的看法。而这正是共生关系最高也是最深层的意义。

(并非)简单在一起

在非洲东部的国家公园里，狮子捕捉到一只羚羊并把它吃掉。从热带大草原的某个地方走过来两只胡狼，它们蹑手蹑脚地绕着这些大型猫科猛兽转圈，尝试闪电般快速前冲，以便能从尸体上撕扯下几块肉。它们证明了自己"共餐者"或者说共生者的身份。与狮子相比，它们的体形渺小得微不足道，体重只有5千克到10千克，不及狮子的1/20。它们虽然并不引人注目，但看到这个场景的观众不知为何会产生这样一种印象，就好像强壮的狮子们也在为这些弱小的胡狼捕猎。那些胡狼夺走的肉对狮子而言不值一提。这些肉量在狮子的眼里还谈不上损失猎物。但是对于胡狼来说，抢来的肉已经足够让它们生存，而且跟它们在大象粪球上找到的那些硬甲虫相比，这些"纯肉"当然有吸引力得多。凭它们弱小的身躯永远也无法捕食体重是自己数十倍甚至上百倍的动物。然而它们却敢在一只暴怒母狮的利爪下冒险。而狮子的爪子却极少会伤到这些敏捷的胡狼。因为狮子驱赶这些讨厌的偷食者所消耗的能量要大于获得的利益。所以它们只会警示胡狼不要肆无忌惮，仅此而已。因为做出更猛烈的反应并不值得。量决定了区别。

胡狼很适合作为一个切入点来观察完全不同的伙伴如何形成共生，同样也适合观察共生关系如何失败。它们胆大包天到居然敢骚扰强大的狮子，竟然让我们这些观察者产生了某种好感。它们不像乞丐那样卑躬屈膝，依靠让人怜悯而从美味大餐中获得一点儿施舍。它们更像是小偷，因为动作足够快，所以它们无须掩饰自己的偷食行为。如果胡狼给狮子以回报，哪怕是一个小小的回报，这会给它们带来更多利益吗？比如它们可以对慢慢逼近的鬣狗群发出警报，这些鬣狗如果以压倒性数量出现时，甚至可以抢夺狮子的整个猎物。相应的警报呼喊对胡狼来说并不“花费”什么成本，但是对狮子却十分有用，这可以帮助它们应对即将到来的危险。这只是一个假设的可能性吗？并非如此！在非洲草原上，不同种类的动物间发生类似的事并不罕见。牛椋鸟的体形类似欧洲八哥，它们长着彩色鸟喙，当人或者狮子接近时，它们感受到迫近的危险就突然飞起来，同时发出警告声。牛椋鸟像啄木鸟那样趴在大型哺乳动物的身体上。它们突然飞起就是在发送一个信号。对于长颈鹿、水牛、羚羊和瞪羚，甚至于大象来说，能够摆脱蜱虫叮咬之苦当然是有益的。牛椋鸟在它们身上捕捉蜱虫，即使牛椋鸟时不时揭开这些动物的伤口，并从里面啄些碎肉出来，它们的存在仍能被这些动物所容忍，而并不会被甩下身去。

动物的身体对于牛椋鸟来说只是合适的觅食地点，仅此而已。水牛和它的同伴不欢迎蜱虫，因此牛椋鸟可以在它们身上啄食蜱虫。如果这些动物能够持久摆脱此类烦恼，那么它们肯定毫不犹豫选择甩掉蜱虫以及其他皮肤寄生虫。我们人类也是如此。尽管益处是显而易见的，但这种相互作用也许并非像看上去那样明显。鸟儿在突然飞起时发出的警报很可能并没有效果，因为当牛椋鸟发现攻击状态的狮子时，狮子已经离得太近。而狍子和大雁看上去更符合双赢的关系，一个有绝佳的视力，能不受刮风影响发现远距离接近的危险，而另一个虽然视力不佳，但却凭借非常好的听力和嗅觉占据上风。尽管双方都能从中获益，狍子和大雁却并没有相互依赖。一年中的大部分时间，它们在几乎所有的分布区域里都互不相扰。相反，牛椋鸟的生活方式和存在完全依赖于大型动物和在它们身上附着的蜱虫，以及动物身上在荆棘丛中被划开的伤口。因此，如果牛椋鸟没有大量消灭蜱虫的话，那么在和草原动物的关系中就偏向于单方面对鸟有利。在观测时引起我们注意的那个所谓的（或许实际上也很重要的）警告声和消灭吸血蜱虫相比较也就显得没那么重要了。

我们会不会也有搞错的时候？如果蜱虫造成的血液损失对于水牛、羚羊和瞪羚而言根本无足轻重，而且它们也可以通过蹭树干来消灭身上大量的蜱虫，那么牛椋鸟的存在对它们而言就是可有可无的。生活在美国和亚洲的大型动物身上并没有这种鸟，它们只出现在撒哈拉以南的非洲。也许只有我们人类才会认为它们的存在是如此重要，因为我们讨厌蜱虫，而且知道它们作为病原体载体的危害性。非洲大型动物可能早已对通过蜱虫传播的病原体产生了免疫。它

们对吸血舌蝇传播的锥虫已经有免疫，而锥虫会导致人类患上昏睡病，非洲以外的牛和马也有可能患上锥虫病。不管怎样，蜱虫引起的失血并

不重要，因为这些吸血鬼实在是太小了。牛椋鸟只存在于撒哈拉以南的非洲，可蜱虫却几乎遍布全球。而在我们这里生活的狍子或者深受蜱虫困扰的刺猬却不需要牛椋鸟这样的帮手来帮它们摆脱骚扰，这该如何解释呢？也许牛椋鸟并不像看上去那么重要？

在非洲大草原上观测到的鸟和有蹄哺乳动物之间的关系令人信服地证明了不同种类动物之间互赢共生的关系，但是在进一步观察的时候，我们心中又产生了新的问题以及怀疑。也许还有一种可能性：牛椋鸟只是抓住了机会使非洲草原动物身上的蜱虫成为自己的食物来源，而并没有与水牛建立起一种真正的共生关系。鸟儿在危险来临时飞起并发出警告声也许并没有什么特别之处，只有人类才会给这种行为赋予重要意义，这只是我们一厢情愿的想法而已。

但是蜱虫呢？捕捉它们的动物多少都有收益，牛椋鸟就更不用说了。相互作用构成了共生的核心。我们可以从中看到，一个小小的利益就足以促成共生状态的发生。从一开始这种关系的特点就并非对双方而言绝对对等。比如珊瑚礁中令人着迷的清洁共生关系的核心“仅仅”是驱除寄生虫而已。但这一点已经足够重要。

让我们从另一个角度再来审视一下牛椋鸟和蜱虫，并以下面这个问题作为出发点：牛椋鸟真的是捕捉蜱虫的能手吗？如果这点成立，那么蜱虫数量应该会随着时间不断减少，最终仅有极少数存活，但牛椋鸟也会因此濒临灭绝。生物害虫防治就是从这个基本假设出发的。天敌减少害虫的数量，直到它们不再造成伤害。理想的状态是把害虫的数量降到极低，这样少量的天敌就可以把它们的数量控制在非常低的水平从而达到无害化。在非洲，牛椋鸟有数十万代的时间去达到这种理想状态。它们存在的时间已经足够长。而聪敏的牛椋鸟却选择把蜱虫数量保持在一个对于自己相当有利的高位，这样它们就能拥有稳定丰富的食物来源。这与我们将其行为定义为共生的说辞几乎完全背道而驰。从这个角度来看，牛椋鸟更像是寄生虫，而且对那些饱受蜱虫侵害的动物来说，牛椋鸟并非它们的共生伙伴。这似乎是一种有预谋的克制性的捕食行动，我们不能因为这种关系很荒谬就排除这样一种可能性，因为牛椋鸟也不能摆脱经济规则的束缚。如果食物短缺，那么它们作为以此为食的生物也无法生存。身上只有少量蜱虫的水牛和瞪羚不值得牛椋鸟进行彻底搜寻。只有那些被蜱虫严重侵害的大型动物才是充足的食物来源。不管伤口处是否生出蛆虫，牛椋鸟都能时不时从伤口处获取食物。

正如我们所看到的，共生是错综复杂和不稳定的状态，利用和剥削往往是相对而言，更为常见的现象是，它们中或多或少都存在着寄生现象。

一种更好的接近方式……

让我们进一步小心地研究一下这个问题：野生而危险的狼是如何变成狗的。毫无疑问，这是一种真正的共生关系，因为参与的双方——人和狗，都从中获得了很大的益处。与牛椋鸟和非洲草原上大型动物不同，这些益处甚至可以用数字清晰地进行佐证。全球有超过5亿只狗，只有少数征收狗税的国家才有具体的数据统计，这个数量超过它们原始种群也就是狼的1万倍。

在与人组成的共生关系中，狗获益匪浅。狼群永远也不可能增长到如此惊人的数量。从几万年前最后一个冰河时期开始，狗早就成了大赢

家，而狼则明显成为输家，甚至是以一种灾难性的方式，因为在很多时候，狗会和它们的伙伴也就是人类一起来对付自己的祖先——狼。对于人类来说，狗明显带来了很多好处。它们被用在诸多领域，狗的用处毋庸置疑。人和狗之间的共生关系在导盲犬身上达到了令人难以置信的高度。导盲犬能比视力健全的人更加可靠地引导盲人。狗能够如此敏锐地理解什么才是对人类重要的东西。这样一种特殊的共生关系就存在于我们身边，被我们所熟悉。然而从产生过程来看，它又是最具争议的共生关系之一。很多人，或者说绝大部分人都认为狼转变为狗完全是人类造成的。通过选择性培育，狼变成了听话的家畜，也就是被驯化了。这种狼被驯化成狗的想法迎合了我们的虚荣心。但是越来越多的狗类专家，特别是那些研究在野外自由生活流浪的狗的学者却对这种看法提出了质疑，他们认为这个变化过程其实是狼的自发行为。在最后一个冰河时期，作为猎人和采摘者，人类的足迹遍布欧洲和亚洲，而狼在这几千年的时间里越来越亲近人类，当它们自我驯化到一定程度时，这种“狗狼”就可以被培育成各种品种和不同用途的真正的狗。而这一切都发生在人类定居下来之后。我认为很有必要进一步阐明这种共生关系，这将给我们带来很多启发。

合作伙伴是如何走到一起的？

在所有共生关系中，最开始总有一个契机，而狼进化为狗也是这样的。野生狼在冰河时期是辽阔草原上最高效的动物猎手，它们和人类本应是争夺大型猎物的竞争对手，但是为什么它们会加入使用长矛和弓箭狩猎的人类群体呢？人和狼都生活在团结紧密的群体里共同狩猎大型动物，而这些相似之处从一开始就可能成为冲突的起源。即使在我们这个时代，大多数猎人也不会赋予狼以生存权，并允许它们哺食猎物。狼一直被人妖魔化，它们对人的危害性被无限放大了。但在现实生活中，家养狗的危害性其实远比它们这些野生的、未驯化的亲戚要大很多倍。狗的致命性咬伤居然能够被人容忍，仅仅在德国每年就有上万起狗咬伤人的事件，可奇怪的是人们认为这是理所当然的。狗主人有相应的保险。所以“坏狼”和“好狗”就形成了鲜明的对比，“好狗”是“人类最好的朋友”。将这种现象称为自相矛盾简直过于轻描淡写，就像狼和人的关系以及狗和人的关系都十分复杂，绝不是非黑即白那么简单。在一个很久以来没有出现过狼的社会里，狼的回归会唤醒人类远古以来的恐惧。猎人发出了警告，并想保护我们不会被狼伤害。他们有猎杀许可证，可以独自完成这个任务。

人们想在狗的驯养过程中看到一种特别的文明成就，这

并不奇怪。野狼被驯化，听命于人类，被其所用。而这个动机来自何处？为什么不把更为强大的狮子作为驯化目标？我们无法从狼的现状中推导出答案。更令人不解的是，石器时代的人类如何能够知道或者至少猜测到，狼被驯化后进化成狗，而狗在未来将会发挥巨大作用。此处浮现出一个核心问题：在解读特殊的共生关系和描写普遍性的进化过程时，人们往往会忽略这个“为了什么而怎么样”的动机问题。如果将来的结果是完全未知的，那么当初是如何确定方向的呢？如果冰河时期的人们并不知道几千年后狗会成为人类最好的朋友，那么他们为什么会接纳危险的狼呢？为了理解共生状态的形成过程，我们需要一种不同于“为了什么而怎么样”的解释。而这个解释是显而易见的：从一开始必须有好处，至少参与的一方能够从中获利，而另一方没有损失，就像狮子和它们的小共餐者胡狼那样。虽然胡狼有些惹人讨厌，但是对于庞大的狮子来说它们并不算什么。而狮子的猎物对于胡狼来说却绰绰有余。它们尝试尽可能多地偷食猎物。狮子忍受了这种损失，因为根本不值得防损。让我们从这个角度来观察冰河时期作为猎人的人类和狼。二者的狩猎效率都远超其他动物，包括同时代的狮子、鬣狗、熊或老虎等捕食大型动物的猛兽。这些动物内部缺乏高水平的合作，而这一点却正是狼群和狩猎人群的突出优势。我们可以在日渐衰落的猛兽身上看到这个缺陷，它们即使勉强能够存活下来，数量也十分稀少。

假设被胡狼偷食猎物的不是狮子，而是冰河时期的人，而接近人类的不是胡狼而是狼，那么我们就有了一个看似合理的初始情景。人类捕获了大型猎物，比如猛犸象或者体形巨大的鹿。狼试图获取一部分猎物，捍卫自己猎物的人类对于狼来说危险性无疑要小一些，否则狼就要去面对那些体形庞大的动物，它们反抗力很强。无论如何人类都无法将猎物全部消耗掉。有时一下子捕获了太多，下一次狼群也许就从人类手中抢走一大块鹿肉。在冰河时期，捕获大型动物是非常困难的，人类的数量以及狼的数量都不可能维持在食物充裕时期的那种状态。食物匮乏的阶段决定了哪些生物能够生存下去。在冬季或者干旱季节猎物都格外稀少，而大型哺乳动物通常会在一年中长途迁徙。狮子、熊和鬣狗并不善于长跑，所以它们跟不上迁徙的兽群。而游牧的猎人和狼群却能做到这点。他们都生活在家庭式的团体里，大家会在团体内部分享战利品并齐心协力抵御外来入侵者。在计划狩猎和预先规划方面，人类的优势远超于狼，而且人类尤其擅长分配猎物，还会研究猎物出现的频率并且相互交流此类知识。这些优势使人类吸引了狼的注意力。当狼一次又一次从人类的猎物中获取到足够的食物，那么它们就有充足的理由生活在人类周围并慢慢加入人类群体中。有些品种的狼甚至会把“它们追随的人类”当成自己狩猎领地的一部分并保护他们免受其他狼群的伤害。狼群表现得越积极，对自己就越有好处。因为它们这样做的结果就是肯定能从人类捕获的猎物中分得一杯羹。狼是社会型动物，而且它们还有很强的学习能力，逐渐学会了理解人类的行为，并努力让自己去适应人类的行为方式。它们对人类声音的关注比对自己同类叫声的关注还要多。它们开始按照自己的表达方式去解析人类的肢体语言。

几千年以来，狼以这种方式生活在人类周围，而人类也没有驱赶它们。他们容忍了狼的存在，因为它们提供了保护，防止了其他的危害。从人类的角度来看，狼消耗的食物大部分本来就是要当作垃圾扔掉的，或者是因为无法长时间保存而多余出来的剩肉。人类对狼的容忍度进一步增大，甚至有意向那些流露出明显顺服迹象而接近人的狼投喂食物。通过食物他们之间建立了信任关系，而且这种关系也在不断加深。经过这种最初的，持续时间必然很长的“共生现象”和冰河时期狼的“蹭饭”行为，狼进化成狗的旅程终于开始了。那些接近人类并和人类发展成妥协模式的狼与它们那些保持距离的“野生”同类相比较能够更好地生存下来。从生态学的角度来看，它们发展出了一种“生态模式”，而这种模式最终变得足够强大，令其可以脱离野生模式而独立存在。大约一万年前，在冰河时期之后人类开始了定居生活，而这种依赖性则不断加强，从狼进化而来的“狗狼”也得适应这种耕种和畜牧养殖的新环境。而定居生活也给定向培育提供了前提条件。因为这样才能把幼犬或者发情的母狗圈养起来，把它们和自由生活的同类隔绝开来，而这对于种群培育是决定性的前提条件！

把狼变成狗的过程看作最初的自我驯养，这就提供了一个关于共生如何产生的思路。合作关系从一开始就应该带来好处，至少对于一方来说是有利的，当然最好是参与双方都能从中获益。毫无疑问，共生绝非简单随意就能实现。人类和狼关系的起点并非是把狼培育成狗，而是要从人和野狼打交道的那个时间节点算起。冰河时期的人类并不知道这些以猎物残渣为食的狼以后能发展成什么样。狼进化成狗的过程中并没有一个提前设定好的目标。这种处在发展变化中的伙伴关系却必须要在几千年的历史中不断得到证明。那些不够顺从的狼会遭到人类驱赶或被杀死，就像现在偏离了育种目标的幼犬会被“抛弃”一样。那些非常喜欢和自己的野生同类厮混在一起的狼，它们最终也是同样的命运。而这部分狼对转化成狗这一进程同样也没有什么贡献。但是这样的推论到底有多少

通过食物他们之间建立了信任关系，而且这种关系也在不断加深。经过这种最初的，持续时间必然很长的“共生现象”和冰河时期狼的“蹭饭”行为，狼进化成狗的旅程终于开始了。

说服力呢？这难道又只是一个能够自圆其说的故事而已吗？或者我们已经掌握了某些有力的证据？流浪狗就很好地体现了这一点。流浪狗（Pariahund）是指很大程度上或者完全自由生活的狗，它们是以印度等级制度中的最低种姓“Pariahs”（被遗弃的人）被命名的。在街头随处可以看到这个类型的狗。它们依靠独立的、不受人控制或阻止的繁育能力生存下来。和人类之间松散的社会关系对于它们而言已经足够了。野狗从人类那里获益，人类同样也得到好处，但是双方并未形成依赖关系。

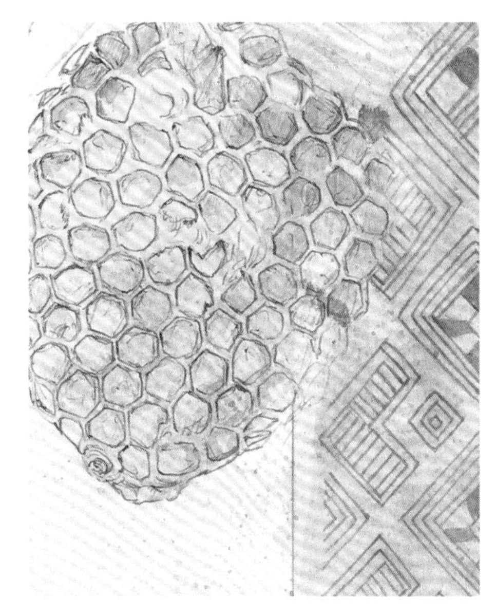

相对于完全依赖人类的物种而言，家猫也更喜欢这样一种中间状态。在中欧，数百万只家猫和人生活在一起却又能自由活动。然而即使在采取广泛保护措施而导致野猫大量繁殖的地区，家猫也很少会和野猫混杂在一起。基因研究表明，大约只有1%是混种猫。家猫和野猫在没有外力强迫的情况下仍能很好地保持距离，互不相扰，这样一方不会变得太狂野，而另一方也不会失去独立性。因此我们可以认为，狼和“狗狼”之间在冰河时期几千年的历史中也发生了类似的分离。“狗狼”融入人类生活越多，它们就离自己的野生同类越远。

但是狗融入人类社会这个现象也清楚地表明，形成共生关系是要付出一定“代价”的。当有针对性的育种开始之后，被驯化的狗就广泛停止了自主繁殖。繁殖犬完全依赖人类。而流浪狗却能保持自由生活。它们虽然和野生亲戚——也就是狼——之间保持着距离，而且在人类社会中也生活得并不如意，但是它们却摆脱了人类对于其繁殖的控制。这样它们就在为生存而挣扎的狼和完全依赖于人的狗之间找到了中间点。从数量上来看，流浪狗是绝对的赢家。这个共生的例子清楚地表明，人类作为共生的一方完全可以放弃作为另一方的狗，而人工繁育的狗一旦失去人就将无法生存。或许有足够多的狗还保持着狼性，它们混在流浪狗群里，能够脱离人而生存。紧密的共生关系会或多或少地导致自主性的丧失。在众多的共生关系中，我们可以找到很多松散和似乎不受约束的伙伴关系；而另一些关系是如此紧密，以至于双方互相依存，谁也离不开对方。我们现在就来看看这些例子。

紧密的共生关系

人们总是用一种矛盾的态度来对待刺槐这种树。它们生长迅速，在贫瘠的土地上也能长成灌木林。刺槐并非欧洲本土植物，而是来自北美，因此它们被自然保护主义者列为“入侵的陌生物种”，他们总是用批判的眼光看待刺槐，因为很难控制它们的扩张，即使树干被砍断，刺槐的根茎也能飞速扩散。但是关于什么是“本土的”物种，因此是“好”的，而什么又是“外来的”，所以要被排斥的这个问题我们并不想在这里讨论，这其中隐藏着太多的偏见甚至排外心理。另外一个更为重要且确实有普遍意义的问题是：这种既不高大而且看上去也不强壮的树怎么会如此成功，以至于它们会被人认为是有侵略性和危险的植物。它们长长的下垂花序散发出香甜的气味，我们可以看出它的种属关系：蝶形花科和豆科，也就是豆角、豌豆、三叶草和大豆的亲戚，是的，没错，还有呢？花的构造和植物的“亲戚”关系又能说明什么问题呢？这就需要我们认真研究一下这种植物的根部，它的同属植物在世界各地都能茁壮成长正是依赖其独特的根部。刺槐的根部，人们会发现很多形状不规则的小团块（根瘤），看上去像某种增生一样，它们其实是由一种特殊的细菌形成的。这种被称为根瘤菌的细菌能够直接从空气中吸收氮气，并进行化学合成。氮化物在绝大多数土壤中都很稀缺，这是因为氮化物易溶于水（硝酸盐、亚硝酸盐），会被渗透进土壤的雨水冲刷走，或者它们会以气体状态溜走（氨气和笑气），并因此从植物根部逃脱。而氮化物对于植物生长却是不可或缺的。在农业生产中，通常会以矿物肥料和厩肥的形式将氮化物添加进土壤里，早期也使用过堆肥。如果不这么做的话，土地的肥力和农作物的产量将会迅速下降。

而植物的巨大优势在于，它们可以吸取空气中几乎用之不竭的氮气。这恰恰是根瘤菌能做的。它们在植物根部肆意滋长，其形态让人想起炎症，甚至小肿瘤，但是它们却能给共生的植物带来巨大的利益。它可以帮助植物的根茎完成一项重要的任务，即吸收足够量的氮化物。除此之外，它们还需要其他物质，例如磷和钾的化合物，而一个世纪以前为农业种植研发出来的传统肥料正好包含着这3种主要组成部分，并且体现在化肥的正式名字里（Nitrophoska，氮磷钾肥。Nitro代表氮，phos代表磷，而ka代表钾）。植物生长需要的氮大约是磷的20倍，所以和细菌形成共生关系虽然不能解决所有的营养问题，但是也成为植物的巨大优势。而细菌也以类似的方式从中获益，它们可以从植物根部获得光合作用所产生的物质：糖和其他碳水化合物，而这些物质在植物根系之外只有很少量存在于土壤中。这些根茎上看起来像伤口或者增生的肿块，展示了一种特别高效的共生关系。豆科植物家族因此也变得格外成功。

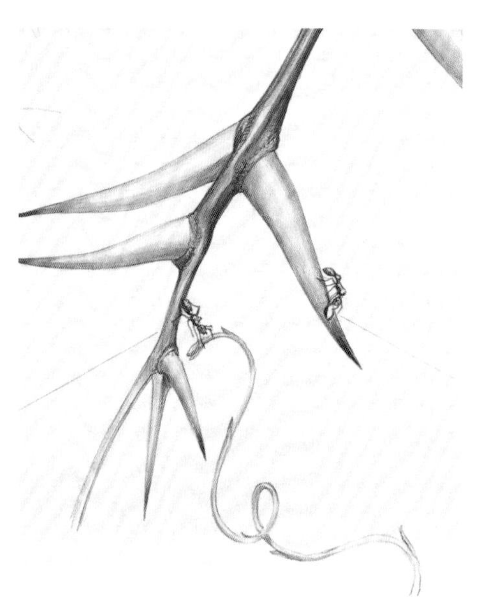

在自然界永远不存在绝对的优点。豆科植物如果生长太快，那么其根部区域的土壤就会缺少磷和钾的化合物或者其他生长所需的少量矿物质，例如铁、镁和所谓微量元素。我们从自己的饮食里就可以知道这一点，如果我们过多摄取了某一种类型的食物（糖/碳水化合物或者蛋白质），那我们的营养结构就会很快变得单一。不仅对人而言均衡膳食是最合理的方式，这条规则同样适用于动物和植物。我们人体需要摄入足量的水，动植物也同样需要水。植物尤其如此，因为它们不仅需要水来促进新陈代谢，还需要水来把溶解物从根部运输到顶部的嫩芽和（树）冠，另外植物还通过蒸发水分（蒸腾作用）来降温。所以豆科植物尽管有和根瘤菌组成的共生关系，它们也并不会冲着天空向上疯长。它们更容易缺水，或者缺少其他矿物质。在水量丰沛的地方它们都能生长繁茂，例如那些经常下雨而且雨量充沛的地区，或者是它们的根系能够延伸到地下水层的地方。而刺槐就是它们当中非常成功的一个例子，由于根瘤菌促进了刺槐的生长，所以它们的根系能够延伸到更深的地下，甚至达到别的植物无法触及的地下水层。因此刺槐并不会出现在山毛榉林或者云杉林中，而更喜欢生长在空旷的道路两边，灌木丛里或者降水稀少的草原地区。因为在这些地区，它们能达到更深的地下水层，而在地面上也没有其他树木的竞争。它的同属植物种类繁多，大部分都生活在阳光充足的边缘地区。在那里它们的花朵更能发挥作用，依靠颜色、形状和气味来吸引昆虫。还有很多品种可以像豆类那样攀缘生长，因为共生关系使它们的生长速度快于那些被它们当作攀爬支撑物的植物。很多豆科植物得到的益处还不止这些。因为在代谢过程中能大量合成氮化物，它们不仅生产了异常多的高蛋白质物质（所有蛋白质都含有氮元素），而且也合成了能防止动物进食的氮化物，这种羟腈化合物可以生成剧毒的氢氰酸。豆科植物的高蛋白含量对于食草动物很有诱惑力，但是羟腈化合物通常能有效地阻止它们咬食。有些动物可以通过新陈代谢中特殊的适应能力来克服这种毒素。人们也培育出了一些变种植物，以减少植株中所含毒素的量甚至完全清除毒素。牛特别容易消化的三叶草（三叶草也属于蝶形花科，在根部同样有根瘤菌形成的共生）在过去被作为青饲料大规模栽种。而现在它们已经被同样易消化，而且容易制成青贮饲料的玉米挤占了大片市场份额。

根瘤菌和豆科植物的关系

是一种典型的共生关系，它展示了作为微生物的根瘤菌和植物之间非常紧密的相互作用。类似的例子有很多，但是它们都远未达到根瘤菌的这种重要程度。其中一个例子就是由放线菌共生所引起的植物根部瘤状增生，它可以帮助赤杨生长在河滩这种洪水泛滥地区以及地下水复杂多变的地区，并且能逐渐长成一大片森林。放线菌和根瘤菌之间并没有什么关系，但它同样能合成氮化物。在热带和亚热带水域漂浮生长的满江红也可以做到这一点，但是仅限与另一种微生物——蓝细菌形成共生关系时，我们在后面会进一步了解这一现象。其他类似的共生都是在较近的时期才发展出来的。它们的共同点都是通过植物和微生物的紧密合作获得取之不尽用之不竭的氮元素的来源。现在人类甚至用特殊的培育容器来养殖这些共生体，作为水产养殖所需的蛋白质来源。微生物蛋白不再是科幻小说里的想象，而是已经被实践验证过的现实存在。

特别重要的共生关系

根瘤菌、放线菌和蓝细菌作为共生体的“重要性”主要体现在重量方面，因为它们都提高了植物的产量。只要了解它们之间的相互作用，就能看出双方的互利关系是显而易见的。植物在根茎上或根茎内的小帮手的协助下生长得更快，也生产出更多的营养物质。而作为回报，这些帮手也得到了自己不能生产的有机碳化合物。即便共生有如此大的优势，豆科植物也并未占领整个植物世界。其他很多植物，特别是树木，比它们更有优势。就像前面提到过的那样，刺槐无法在正常生长的树林中侵略性扩张，而是主要生长在边缘地带、灌木丛中或者干旱地区。

森林里不仅仅有刺槐、金合欢以及其他豆科植物，位于寒冷和凉爽地区的森林主要由针叶林构成，而在温暖直至热带地区则主要是阔叶树，这个现象是由一个决定性因素造成的。共生关系也在其中发挥了作用，但这种影响更加全面而且难以识别。主要的合作伙伴是真菌，也就是菌根真菌。这些真菌也许从远古时代起就和树木以及其他许多植物生活在一起。我们也可以把这种共生关系看作是一种感染或者寄生关系。因为真菌“侵害”植物根茎并钻入其中。一些真菌甚至进入了根茎细胞内部，而其他真菌生活在根茎细胞间的空隙中或者像青苔那样包裹住整个根部。那些研究菌根共生关系的专家为此发明了很多饶舌的专业术语。我们在这里就不引用了，因为不用这些术语也能将基本原理讲明白：菌丝比最细的树根还要细得多，通常只有树根的大概1/10，这样菌丝就能进入土壤里那些细小的空间和裂缝，特别是在富含矿物质的土壤里。这些菌丝虽然极细，但其表面积加起来却是植物根茎的百倍，所以仍然可以有效吸收水和其他营养物质，只不过无法像根瘤菌那样直接吸收空气中的氮。对矿物质和土壤毛细水的广泛利用使得这种根系和真菌组成的共生体具有明显优势。所以这里必须要提一下这个专业术语：菌根（Mykorrhiza）。

菌根共生这种形式对地球上的生命产生了极大的影响，它们不仅对当前的生态环境非常重要，而且还塑造了进化过程本身。

就像豆类植物和根瘤菌的共生关系那样，菌根真菌也从树木以及其他组成共生体的植物那里获得光合作用的产物（主要是糖）。作为回报，菌根真菌提供植物所需的所有矿物质以及水。如果没有这样全面的共生关系，就不会有北欧的针叶林，它是世界上最大的森林，也就是俄语中所说的泰加林（Taiga），而植物界种类最为繁多的兰花也将不复存在，它们都依赖和菌根真菌组成的紧密共同体。菌根真菌不仅能帮助森林在贫瘠的土地上成功扩张，而且对极端条件下的生命体极为重要，兰花就是一个例子。兰花生长在树干或者裸露的岩石上，它们的根茎无法触及地面，所以必须依靠雨、雾和风所带来的极少量的营养物质生存。而真菌使得这种“空中生活”成为可能，它们具有令人难以置信的能力，可以从空气中吸取细微的矿物质颗粒和水分。

菌根共生这种形式对地球上的生命产生了极大的影响，它们不仅对当前的生态环境非常重要，而且还塑造了进化过程本身。然而，这个共生中的合作伙伴之间仍然界线清晰，在显微镜下能够清楚地观察到哪些部分属于树木，而哪些属于真菌。许多菌根真菌的子实体就是我们通常所说的蘑菇。它们主要出现在夏末和秋季，在这个季节，树木的主要生长期已经结束，并且已经为明年的生长做好了营养储备。因此，菌根真菌就有了充足的食物来源。一些蘑菇有某种特别的味道，虽然它们的营养价值很低或几乎为零，人们依然乐于采集和烹饪它们。1986年后，我们遗憾地认识到，菌根真菌这种捕获微小矿物质颗粒的能力虽然对于树木而言是很好的合作伙伴，但是在切尔诺贝利核反应堆灾难后，它也造成放射性物质铯达到危险浓度。尽管距离灾难发生已经过去了25年，仍有一些蘑菇以及食用这些蘑菇的野猪体内含有过量的放射性物质。

最新的研究成果发现和解密了一些更紧密的共生关系。其一就是大家很熟悉的地衣，它是藻类和真菌组成的双重生物。二者之间的关系是如此紧密，以至于它们的形态看上去和植物没什么两样。但是实际上它们和植物却没有任何关系（我在这里指的是高等植物，而不是藻类，虽然它们也完全能被称为“植物”，之后我会解释这一点）。在插图的文字部分，我们可以读到更多关于地衣及其特性的描述。它们由真菌和藻类构成，这是毋庸置疑的。现在已经能够确定到底是哪种藻类和哪些真菌组成了地衣这种新生命体。关于这一点在本书里我就不赘述了。对我们而言，重要的是要记住：是藻类提供了光合作用，这一点在某种程度上使得地衣比较接近（真正的）植物范围。地衣需要阳光来维持生命，所以人们也可以把它们看作植物。但是事实却并非如此简单。光合作用之所以能够进行，全都是因为细胞内的一种组成部分，也就是所谓细胞器，它就像人类这种有机体体内的器官一样。因为它的体积如此微小，人们只有通过显微镜进行相应倍数的放大才能识别这些颗粒状形态的物质，所以它被认为是细胞内的天然组成部分。而它的秘密就隐藏在这些带有绿色染料（叶绿素）而且界线清晰的结构体中。它们到底是一种什么物质呢?

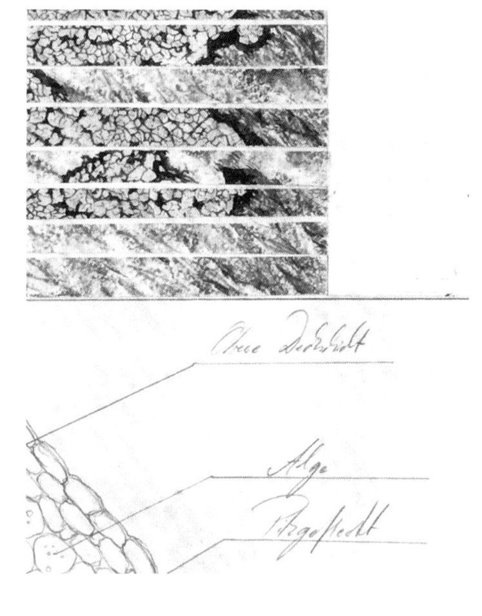

人们花了很长时间才搞清楚叶绿体的性质。现在我们已经确定无疑地知道：叶绿体曾经是自由生活的蓝细菌。以前这种细菌被称为蓝藻（现在也经常有人这样叫它，不过这种叫法有误导性），可它们根本不属于藻类。在更早的远古时代，在超过5亿年前的地球高等生命初期阶段，植物的祖先将它们吸收进自己的细胞，并融为一体。当时的这个过程肯定不会这么简单。那些有能力进行光合作用的、绿色的蓝细菌也许被藻类细胞吸收，这和我们肠道细胞的吸收方式类似，但是并非所有的细菌都能被立即消化，一些细菌存活下来，并且在细胞内部分裂繁殖，它们的繁殖速度虽然缓慢，但是速度也快到足够让它们存活下来，直到很久以后的某个时间点，终于出现了一种平衡状态或者说“僵局”，共生关系也就相应建立起来了。任何绿色植物，不管是生菜还是树木，也无论是绿草还是鲜花，其细胞中都含有这种绿色小球，也就是叶绿体。我们现在知道，叶绿体内含有的微量基因使它们能够根据需要来进行分裂繁殖，因此，植物细胞显然是一种和蓝细菌演变而来的叶绿体所组成的共生体。植物也正是通过这种共生关系才成为植物。我们人类和其他所有动物的细胞内都缺少这种绿色颗粒。这就使得我们都依赖于绿色植物和它们进行的有机物生产，即所谓初级生产。植物细胞有一种由纤维素组成的特殊细胞壁，它也是在叶绿体的作用下产生的，所以它也可以说是共生关系的产物。

在这一过程中针对到达这一步的演变，生物学家的意见是一致的。而令大家产生分歧的难点在于细胞的其他组成部分，它们同样也是共生的产物。在所有动物和植物细胞里都存在一种微小的颗粒，它们被称为线粒体，它们的能力以及内部构造都和自由生活的细菌类似。线粒体非常重要，它们是细胞的微型能源工厂。线粒体内进行的能量转换确保了细胞的功能。随着证据不断增多，许多研究人员都认为，线粒体曾经是自由生存的细菌。它们的细胞结构更加简单，并且在地衣产生之前就已经构成了一种共生关系。它们由此开启了向高级生物跨越的过程。没有线粒体的细胞虽然也能生存，但是它们必须保持非常小的体态，因为它们拥有的能量太少了。而我们已经了解了以何种方式来携带能源，那就是通过磷化合物（更准确地说是三磷酸腺苷，简称ATP）。

我们再回头看看根瘤菌和施肥。为什么只为植物提供充足的氮化物还不够？因为细胞只有拥有了能量足够丰富的磷化合物ATP，也就是足够数量的线粒体之后才能健康生长。我们人类和所有动植物以及真菌一样，都离不开线粒体。和线粒体细菌构成的共生关系是非常古老的。正如我在前面强调的那样，它可以追溯到生命早期，那时生命体还处于复杂细胞状态。在基于共生关系而终于产生了复杂细胞之后，此前数亿年只有细菌这种简单生命的时代才落下帷幕。共生使植物、动物和人的存在成为可能。我们人类不需要以“小绿人”的形式存在，不需要通过叶绿素确保能量供给，因为我们有线粒体，它使我们有更高的效率和能力。一些研究共生进化的生物学家认为，我们自己也正是因为一种共生关系才变成了人类。推动男性精子向女性卵细胞前进的小尾巴或许曾经也是一种细菌，即所谓“鞭毛菌”。它并未直接配置在动植物的复杂细胞内，而是一种经常会被激活的遗传基因程序，就像男性睾丸产生精子那样。鉴于本书的篇幅我就不再进一步探讨这个问题了。但所有这些认知都在某种程度上让人深受感触，可以想象一下我们体内的能量转换，这种维持我们生存的生命之火，竟然来源于细菌。而鞭毛菌为精子推动系统的发展创造了条件。而我们本来也是直接依靠细菌来消化食物的。现代研究成果越来越明确地表明：我们人类

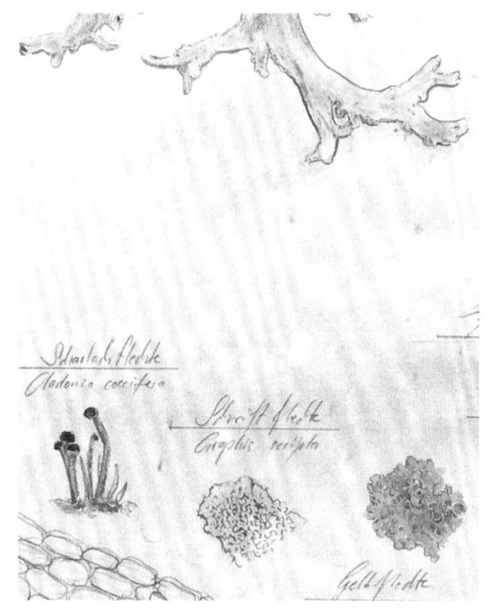

的基因组中竟然存在很多细菌的遗传信息。人也是一个共生体，是一个由各种不同生命体组成的伟大而又让人敬佩的共同体。而令人惊奇的是，这样一个共生体竟然能一直有效地运转着。只有当生病时我们才会意识到，这一切其实并非理所当然。腹泻的症状表明胃肠细菌的共生发生了紊乱。在身体患上咽喉炎或者肺炎时，入侵的外来细菌战胜了保护我们的有益细菌。而人类的皮肤携带多种微生物，会经常受到外来侵扰，这些侵扰必须被消除。我们容易受到环境污染物的侵害，这是不可避免的。而我们必须把环境和地球上的生命维持在一个状态，使得共生关系之间的相互作用不受干扰（或被摧毁）。目前，考虑到整个地球上所有生物的共存和广泛的共生关系，其整体形势并不乐观。因为人类改变了太多，而改变发生得太快。

人类与环境——终极共生

许多人很难意识到自己与其他生物的共生和相互依赖。他们自认为超越了自然，将自己视为自然的主人。一个人是无法离开其他人而长期生存的，而人类同样也不能只依靠自己这一个物种就能生存。大自然才是我们生存的基础。在过去的几十年中，随着环保意识的加强，我们常常听到或看到类似的警告。1992年在里约热内卢举行的世界环境大会上，与会所有国家签署公约并承诺保护生物多样性，但从那以后却几乎没有见到什么实际行动。而同时物种灭绝的脚步却丝毫没有减缓。动物、植物和自然风光更像是富裕国家能负担得起的奢侈品。之所以会这样，是因为有些人想体验自然的野性和危险。他们在丛林中体验“过去的生活”，像我们的原始祖先那样作为猎人和采集者四处迁徙，无助地挣扎在大自然的力量中。自然保护区更像是露天博物馆。事实上，许多保护区（中欧的绝大部分保护区）都类似于古代遗迹，就像埃及金字塔或者柬埔寨的吴哥窟那样作为历史见证，人们必须花费大量精力才使它们得以保存，并防止其进一步衰败。划归为自然保护区不也正是针对这种衰败，针对这种变化吗？而这种变化不可避免地随着时间之矢不断前进，并和每一代人都创造出一个“新时代”。在数字时代，有目的性地改变农作物和动物早就成为现实，即使很多人，尤其是自然保护主义者反对并试图阻止基因技术。人工共生已经被创造出来，比如通过引入细菌的特性来使农作物免受疾病侵害。在我们这个时代，对于自然共生关系的关注似乎更像是一种怀旧，而并非是做出某种规划，以便让人与自然在未来能更好地共存。这样的担心是有道理的，而且也恰恰是必要的，只有这样我们才不会在虚幻的（绝大多数情况下完全错误的）安全感中高枕无忧，不会认为自然保护可以在不断发展的人类时代保留住足够的自然。所以，让我们从另一个角度来观察这个现象。

从狼演变成狗这个例子开辟了一种思维方法，如果我们能坚持应用这种方法，那么就可以防止我们太过单方面地仅从自身角度来看待人类和其他生物的共存。正如我前面强调

过的那样，很多证据表明：（石器时代的）人类从一开始绝对没有驯服狼并把狼培育成狗的打算。世界上大部分狗现在仍然可以作为流浪狗自由自在地生活着，它们的繁殖并未受到人类控制，也不会被定向培育。西方文明和其他几种文明都曾经将狗的利用价值最大化，人类还按照自己的想法通过培育来改变狗的品种，而这并非是最初的几千年人和狗之间伙伴关系的典型特征。不过从人类对于狗的剥削已经充分看出我们是如何对待牲畜和农作物的。它们已经完全被人类奴役，经过培育变种，已经无法再适应野外生活，就像京巴狗、狮子狗以及其他繁殖狗那样。当人类大规模养殖牛、猪或者鸡时，根本谈不上一丝一毫的伙伴关系，它们虽然还生存着，但是早就被剥夺了自然生命，只是生产动物产品的自动机器而已。谷物、玉米、土豆和大米这些农作物早已经不能在自然条件下长期生存。繁殖品种太过于依赖大量非天然植物养料（肥料），而且太容易遭受病虫害的侵扰。人类越来越多地以一种寄生方式来利用动植物，早已摒弃了一种良好的共生关系。牲畜和农作物得到的唯一好处就是人类可以确保它们能够继续存在。而成千上万的宠物却得到了更多的照顾，在英语世界中人们称之为pets（来自to pet，意思为抚摸、轻抚），因为人们至少对它们抱有好感。而这种好感对于豚鼠和兔子等其他哺乳动物非常重要。人类还根据不同品种的特点设计出合理的水族箱来饲养和繁殖观赏鱼。还有花园中那些不同种类和产地的花卉，我们置身于这些动植物中间感到心情愉悦，这就是我们想要的生物多样化，而这也清楚地表明，我们并非对其他生命无动于衷。世界上所有文化中都体现了人类对于生命的好感。美国生物学家爱德华·威尔逊是当代最著名的生物学家之一，他把这种好感称之为“亲生命”。

“亲生命”是人类与其他生物“人道”相处的前提条件，也就是尊重其他生命体，即使它们并不能给人类带来任何直接的用处。无论过去还是现在，“亲生命”都是发展更深层共生关系的基础，就像几千年前中亚草原上游牧民和马匹之间，或者中东沙漠里阿拉伯人和骆驼之间建立起来的伙伴关系。牧羊人和羊群以及过去的牛倌和牛形成了共生关系，在这种共生关系中，动物被视为伙伴而受到尊重，而并非像我们现在的农业生产中只被当作赚钱的产品，而其中大量生产肉食的方式早已不配被称为“文化”。在“文化”中蕴藏着农民的辛劳，他们不辞辛苦地照顾牲畜，即使它们最后的归宿也同样是被人吃掉或者用作其他目的。人们在夏天亲手割草并制成干草以便在冬季用来喂养牛或者马，这样他们就和牲畜建立了一种特别的“类似共生”的关系，而这种关系和大型养殖场里完全不同，在那里人们购买或者用机器生产饲料并大量投放给牲畜，期待能在最短的时间内出栏产肉。

目前，农业在各个工作层面都存在问题，并且摧毁了一种共生关系的框架条件，而这种共生关系大约建立于一万年前。在农民和大自然组成的生命共同体中，食物的生产保证了人类的生存，而精心规划使自然成为可持续发展和可利用的文化垦殖区，但这种关系已经不复存在。1992年在里约热内卢举行的地球峰会上人们提出：可持续发展的原则与保护生物多样性密切相连，而这样做是有充分理由的，因为可持续发展对于人类和大自然的未来至关重要，这也是共生关系的基本准则。只有可持续性得到保障，持久的共同生活才能维持下去。我在此必须再次强调的一个观点是：这意味着双方都能从中获得长远的利益。单方面获利会导致寄生生活。而我们已经在部分现代农业中经历了这点，他们一方面掠夺式地过度利用自然、土地和水，同时又从政府那里榨取了巨额补贴。这样的“剥削系统”是没有未来的，它在专业术语中被讲究地称为“exploitatives system”（剥削系统），这是为了避免使用“Ausbeutung”（剥削）和“Parasitismus”（寄生）这类一眼看上去就带有负面意义的概念。人们从普通经济学和经济状况中应该熟知，生产者和消费者构成一个共同体，一个生活和命运的共同体，而只有双方能够充分相互理解和相互适应，这个共同体才能存续下去。而这也正是现代农业所需要的，甚至是急需的，因为它绝对是“地球生态系统”最大的负担。我们这颗蓝色的星球未来如何发展，取决于农业。

这种发展趋势引发了不满情绪，其中一种表达就是对于全球化的恐惧。西方发达国家，还有中国和新兴工业化国家正在剥削着世界其他地区，就像19世纪欧洲人掠夺他们的殖民地时所做的那样。这种新型的殖民主义伴随着当前的全球化进程而不断发展，但并非建立在良好的合作伙伴关系之上。虽然人们可能别无选择，但是他们对于这种发展趋势的抵抗和恐惧是有充分理由的，也是绝对可以理解的。人类必须学习成为一个世界和一个人类，在平衡利益和经济实力的情况下同舟共济。这也是一种共生关系。参与者扮演不同的伙伴角色，尽管他们都是人类，同属于一个物种。

共生关系作为一种生活原则贯穿在生命体所有形式的交互关系中。热带海葵触须间的小丑鱼，或者背着一只海葵的螃蟹，借助它来保护自己并将猎物分一些给海葵吃，如果我们更加仔细地观察，这两个例子都属于令人惊讶的非典型现象。其实在日常生活中发生的事情覆盖面则更广。所有的动物和植物都是通过在生命早期就已经出现的共生关系才得以生存下来。每一种农业形式，无论是养蘑菇的切叶蚁还是我们人类养殖作物的形式，都是一种共生关系，而且只有当这种农业形式保持对双方有利，而非一种毁灭性的关系，它才能一代一代延续下去。就连我们人类的社会生活也通过广泛的社会分工逐步发展成为一种复杂的共生关系。只不过因为我们生活在其中，对其熟悉到视而不见的程度，所以几乎不会对此进行深入的思考。而我们的日常生活之所以能够运转，是因为有很多人以多种多样的方式生产、提供、销售和改造出我们需要的东西。人与人之间形成伙伴关系也有一个前提条件，就是参与者行事必须遵守共生关系般的规则，否则的话所有的伙伴关系很快都会解体。

直到近期人类才发现，一方面是由动物、植物、微生物及其非生命体的环境构成的“纯自然”，另一方面是人这个物种以及人类经济和不同文化，这二者之间存在一种具有约束力的原则，正是这个原则使得它们之间的竞争，即达尔文笔下的“生存斗争”变得没有那么绝对，这就是合作。生命不是单纯通过竞争才得以延续，而更多的是通过合作，并且合作会让生命变得更好。“生存斗争”并没有被完全取代，但是这种竞争并非是唯一形式，也没有那么惨烈。合作里包含了斗争，并创造出新的、更好的和更持久的东西。这本书里提供的例子也展示出多种多样的可能性，让我们对合作进行深入的思考。我列举这些例子并不仅仅是让大家看到一些奇闻趣事，而是希望以此说明大自然中各种形式的合作都极为成功。而我们的责任在于将共生关系中最大也最重要的一种变得更加适应未来，这就是人与人的共生关系以及人与大自然之间的共生关系。

关于文献的提示

关于共生关系有数不尽的专业书籍。如果想要对此进行深入研究，肯定能在互联网上找到很多相关书籍。至于没那么有名的动物和植物品种，拉丁文名字可以帮助读者查找。有一些共生关系，针对其共生程度以及互动关系究竟对谁有利还存有争议，这些也在文中有所涉及。所以读者在网上搜寻到的资料与本书中经过挑选和小心谨慎的阐释不见得完全相符。有很多的专业资料是用英语发表的。我对每个主题都进行了追踪研究。其实几乎整个生物界都属于共生关系，因为所有的有机体都和它们身边有生命的环境之间产生着或多或少具有共生特点的交互关系。就连无须借助土壤微生物而培养在溶液里的植物，也并非真正的自养生物，而是依赖蓝细菌的共生关系，也就是植物体内的叶绿体。我在此仅列出少数几部关于合作和共生关系的德语书籍，以避免列出的专业书籍列表过于主观。

David Bodanis, *Der geheimnisvolle Körper. Die Mikrowelt in uns*, Düsseldorf 1989.

大卫・博达尼斯:《充满秘密的身体——我们体内的微观世界》，杜塞尔多夫，1989年。

Steve Jones, *Darwins Garten. Leben und Entdeckungen des Naturforschers Charles Darwin und die moderne Biologie,* München 2008.

斯蒂夫・琼斯:《达尔文的花园——自然研究者查尔斯・达尔文的生平和发现与现代生物学》，慕尼黑，2008年。

Kurt Kotrschal, *Hund und Mensch,* Wien 2016.

库尔特・考特沙尔:《狗和人》，维也纳，2016年。

Lynn Margulis und Dorion Sagan, *Leben. Vom Ursprung zur Vielfalt*, Heidelberg 1999.

莱恩・玛古里斯与杜里安・萨冈:《生命——从起源到多样性》，海德堡，1999年。

Martin A. Nowak, *Kooperative Intelligenz. Das Erfolgsgeheimnis der Evolution*, München 2013.

马丁・A.诺瓦克:《合作智慧——进化的成功秘密》，慕尼黑，2013年。

Werner Schwemmler, *Symbiogenese als Motor der Evolution*, Hamburg 1991.

维尔纳・什韦姆勒:《共生作为进化的推动器》，汉堡，1991年。

Edward O. Wilson, *Die soziale Eroberung der Erde. Eine biologische Geschichte des Menschen*, München 2013.

爱德华・O.威尔逊:《对地球的社会性征服——人类的生物学史》，慕尼黑，2013年。

响蜜䴕——让人类为自己工作的鸟

01
Afrikanische Wildbiene · Apis mellifera scutellata

响蜜䴕
——让人类为自己工作的鸟

这个故事听上去像《一千零一夜》一样令人感到不可思议。一位猎人徘徊在非洲灌木林中，他小心翼翼，生怕自己忽视了任何危险，又像是正要捕杀一只动物。他调动起所有感官，就如同以前生活在原始非洲的猎人和采摘者。一只鸟大摇大摆地飞了过来，在猎人面前有些犹豫不决地上下飞舞。这只鸟和椋鸟体形相仿，它的后背和翅膀是棕灰色的，有颜色鲜亮的腹部和黑色的脖子。它飞舞的样子并不像那些因为附近有幼鸟而想把人类引开的鸟常做出的动作。这只鸟也不是在装病，而是发出信号，示意猎人跟着它走。如果猎人照做了，那么它就会以合适的速度在前面飞，还时不时停下来等着猎人追赶上来。在继续前进的时候，它还会避开那些茂密到猎人无法穿行的灌木林，尽可能选择适合猎人跟踪的路线。最后，它变得兴奋难抑，因为目标近在咫尺，它把目标指给猎人看——那是生活在树干空洞中的一个野蜂群落。只要有任何生命体接近蜜蜂的幼虫和蜂蜜，蜜蜂就会发起攻击。这些跟着鸟找过来的非洲大草原上的居民很清楚这一点。如果他们之前在对付蜜蜂方面有过一些经验，就会在进入危险区域之前点燃一个冒着浓烟的火把。

蜂蜜独具魅力，自古以来它对我们就像是最美味的糖果。但是蜜蜂遇到蜂蜜强盗时会殊死抵抗，它们蜂拥而出，冲向猎人。浓烟虽然会让它们眩晕，但并非所有蜜蜂都会受到影响，还是有很多蜜蜂蜇到盗蜜者，那种刺痛感非常强烈。在热带非洲的炎热中，寻找蜂蜜的猎人们并没有把自己裹在厚实的长袍中，也不像我们这儿的养蜂人那样戴着面罩。为了获取梦寐以求的甜品，他们在大多数情况下都要忍受大量蜇刺所带来的痛苦。与此同时，那只鸟却站在附近，饶有兴致地看着发生的一切。响蜜䴕这个名字对它来说恰如其分，而它在生物学中被称为“*Indicator indicator*”。这个鸟科包含17个鸟种，响蜜䴕是其中最有代表性的，也是最出名的，它广泛分布于非洲和南亚。但是在这17种鸟里只有两种会有刚才所描述的行为，会带领人去找野蜂的蜂巢。

有些人也许会觉得难以置信。一只鸟怎么能想到把人引到那些令人垂涎三尺的蜂蜜那里去？它自己又能从中得到些什么呢？让我们看看接下来会发生什么。这只鸟以它的飞行方式，用请求似的摇尾巴和特别的叫声来给它的帮手指引路线。在非洲灌木林中找到野蜂巢穴并非易事。在很多地方，人们按照合适的大小挖空原木，好吸引蜜蜂筑巢。他们把这些原木架在大树的枝杈上，容易获取蜂蜜。但是鸟儿并不会把人类引向这种类似人工养殖蜜蜂的设备，而是带人去找真正的野生蜂巢。当然，这种行为并非是无私的，响蜜䴕也会得到它的那份酬劳，但是它的目标却并非蜂蜜，而是蜂房里的蜂蜡。

如此一来，这个故事就显得更加神奇了。一只身长20厘米的鸟，长着短而粗的鸟喙，它能用蜂蜡来做什么呢？用来筑巢？不，这些蜂蜡会被吃掉。响蜜䴕的体内有一种细菌，可以帮助它消化和吸收蜂蜡。事实上，这是一种很罕见的情况，因为蜂蜡虽然含有丰富的能量，只要想想用蜂蜡做成的蜡烛就能明白这一点，但是由于其化学组成结构，实际上几乎无法被消化。植物分泌蜡作为一种保护。一些细菌可以利

用特殊的消化酶来分解蜡，先把它变成较小的成分，才能再进一步消化。但即使能够被细菌分解，蜡也只能提供“燃料”。在新陈代谢中，它只能像糖那样被加以利用。然而，糖并不能合成蛋白质。不管对于人类还是其他生物都是如此，响蜜䴕也不例外。蛋白质的合成需要氨基酸，因此氮化物是必不可少的。那些帮助响蜜䴕消化蜂蜡的细菌虽然也提供一些蛋白质（细菌蛋白），但是却远不能满足需求。特别是当雌鸟产卵时，就必须经常捕捉昆虫，以获取足够的蛋白质。但响蜜䴕的体格和粗笨的鸟喙使得它们并没有那么灵巧，所以它们只能捕捉那些肥硕和笨拙的飞行类昆虫，比如大甲虫。相比而言，蜂房中由蜂蜡构成的巢室里的那些蜜蜂幼虫就是一个更方便的选择。通过对蜂群的掠夺，响蜜䴕获得了一个理想的食物组合，包括提供能量的蜂蜡和提供蛋白质的幼虫。没有外力帮助，它们不可能获取这种食物来源，因为它们太弱小，而蜜蜂有强大的防御能力。所以，它们与人类的合作构成了一种堪称完美的共生关系。

这其中我们还能观察到一种扩展的共生关系，响蜜䴕本身就生活在和细菌组成的共生关系中，这些细菌分解蜂蜡，使其可以消化利用。但是猎人为什么要忍受赤裸皮肤上的刺痛，难道只是为了在响蜜䴕指引下去掠夺蜂群？人类足够聪敏，完全可以记住树木的位置，然后选择一个对自己有利的时间再取走蜂蜜。这个共生关系对于鸟儿并非完全可靠。如果鸟儿仅仅只依靠人类，那么这个共生关系也许就不会发生。其实人类只是鸟儿众多选项中的一个而已，而其中最重要的一个目标是一种鼬科动物——蜜獾。它的个头和欧洲獾差不多，但是皮毛颜色不同，它的背部从头顶到尾巴都是灰白色，与侧面和腹部的深咖啡及黑褐色的皮毛有明显的色彩边界。它的皮肤厚而结实，但却松松垮垮贴在身体上，看上去很奇怪，所以皮肤上的血液流通也相应减少。因此当它撕开马蜂和蜜蜂的巢穴并舔食里面的美味时，那些扎在身上的蜂刺对它几乎没有什么影响，它根本感受不到蜂刺的存在。它还会闭紧双眼，这样就能保护眼睛不被针刺伤害。蜜獾在英语中被称为“Ratel”，这是一种令人生畏的动物。如果被惹恼，它们会攻击所有敌人或者捣乱者，它们发起火来非常可怕，就连水牛这样的庞然大物都会被吓退。此外，它们的肛门腺还能释放一种极其难闻的分泌物。蜜獾的视力虽然不好，但是它们听力绝佳，而且非常喜欢蜂蜜。

这些特点使蜜獾命中注定成为响蜜䴕的“同谋”，它们一边鸣叫一边在蜜獾身前低飞，尝试把蜜獾领到它们找到的蜂巢。而蜜獾打着响鼻嘟囔着跟在后面，它可以爬上树干并拆解蜂巢。但是并非每次都能成功，因为蜜獾和我们这里的獾一样，身材都比较臃肿，它们的体重是8千克到16千克，而且腿还很短，所以并不是很好的攀爬者。但是和人类一样，蜜獾也被蜂蜜所吸引，它们会把蜂蜡和很多蜂房巢室里的幼虫留给鸟儿。所有证据都表明，在人类诞生并开始穿行在非洲大草原进行狩猎和采摘食物之前，响蜜䴕和蜜獾的这种共生关系就已出现，且运转良好。人类对响蜜䴕来说是一个合适的可能性扩展。因为蜜獾虽然几乎遍布撒哈拉沙漠以南的整个

对于响蜜䴕而言，与人类的合作构成了一种堪称完美的共生关系。

非洲，但它们通常只在黄昏和夜晚活动。与之相反，人类一般在白天寻找食物。如果人类表现出明显的兴趣，响蜜䴕就可以很轻松地引导他们。人类是用两条腿直立前行的，因此与其他所有对蜂蜜感兴趣的哺乳动物相比，人类的视野更好，而且他们也比蜜獾更擅长爬树。这种和人组成的共生关系或许已经持续了几千年。但是这种关系变得越来越稀少，因为现在的人已经不愿意仅仅为了获取蜂蜜而忍受蜜蜂的蜇刺，现代文明早已提供了这种甜品的替代物。而狒狒和其他常见的灵长类动物也无法替代人类，来接受响蜜䴕的引导。另外，野生蜜蜂也变得越来越少，因为人类在非洲大草原上更加频繁地放火开荒。从进化的角度来看，响蜜䴕很可能已经陷入了死胡同。对于蜂蜡的偏爱在过去和现在都是个问题。这一点也体现在它们的繁衍中，而其中包含了更多令人感到不可思议的奇怪现象。

和杜鹃一样，响蜜䴕也是一种巢寄生的鸟类。雌鸟一窝产下最多20枚卵，并把它们悄悄地逐个放入须䴕科鸟、啄木鸟或者蜂虎科鸟的巢穴中。须䴕科和响蜜䴕同属䴕形目，所以响蜜䴕幼鸟的食物需求和寄养家庭里的幼鸟基本相同。刚刚孵化出壳，它就化身成一个小恶魔。响蜜䴕的幼鸟虽然长相笨拙，但是却有像尖嘴钳一般的鸟喙，它就用这个武器杀死了寄宿家庭里同巢的兄弟姐妹。和杜鹃不同，响蜜䴕一般选择以洞穴为巢的寄生宿主，因为在黑暗的洞穴里很难辨认清楚，所以幼鸟可以独享养父母的照顾而慢慢长大。蜂蜡作为响蜜䴕的主要食物，对这种巢寄生的发展起到了重要作用，这一点是显而易见的。幼鸟在孵化后不能立即就以蜂蜡及其化学分解产物为食，而是需要很多蛋白质以便快速成长，不过它们并不需要很多"能量"，因为整天待在巢穴中几乎不活动。由于短而粗笨的鸟喙和笨拙的身体构造，响蜜䴕无法给幼鸟捕捉足够数量的昆虫。而对于蜂蜡的偏好造成了它们的繁殖对寄主鸟类的依赖。我们必须承认，没有任何鸟的生命比这种鸟更复杂：通过与特殊细菌建立共生关系以消化蜂蜡，其代价就是把繁殖后代的任务"转嫁到"寄主鸟身上，为了获取野生蜂巢作为食物来源，又和非洲哺乳动物中"情绪最恶劣"的蜜獾达成共生，后来又让人类入伙。然而，这确实不是出自《一千零一夜》的故事，而是发生在非洲的现实世界中。

如果有一天这种共生关系不复存在了，那将是非常遗憾的，因为它清楚地展示了合作伙伴的数量关系对它们生存的重要性。在这样一种共生关系中，并非单独的一只蜜獾、一个人和一只响蜜䴕相互作用，而是在各自相应的群体中。我们制作的图片，还有插画和文字描述中的图像都是经过简化处理的，因为这就如同活动发生过程中的某个瞬间被定格，而这个瞬间的行为在年复一年长时间的活动中不断被重复着。我们每次只能追踪一只响蜜䴕的命运，一个人或者一头蜜獾的行为。但是他们都只是一条自他们诞生以来就存在的无尽链条上的一个环节。哪怕这个链条只断裂一次，那就意味着这种共生关系的终结。我们至今也不知道，人类现在（之前）对于响蜜䴕以及它们的繁衍有多重要。但是人类曾经对于它们有着重要意义，这是毋庸置疑的。

广袤田野上的狍子和大雁

02

Kranich
Grus grus
Saatgans
Anser fabalis
Blässgans
Anser albifrons

广袤田野上的狍子和大雁

来自西北亚寒冷苔原的野雁在天空飞翔，时而排成楔形，时而排成一字形。行家们从叫声就能分辨出这是豆雁还是白额雁，又或是德国东北部分布广泛的灰雁。在低平原地带一望无际的农田中，它们到处都有机会着陆。但是，它们似乎格外喜欢某些特殊的地点，也就是田野中狍子成群结队站着吃越冬秧苗的地方。随着此起彼伏的嘎嘎叫声，大雁落在狍子附近，但是狍子连头也不抬一下。几分钟后，一切又归于平静。大雁梳理着自己的羽毛，有些已经安顿下来。经过漫长而艰苦的飞行，它们需要好好休息一下。而一部分狍子也躺下来，开始把吃进去的食物一点点从胃里呕出来，然后重新彻底咀嚼。狍子是反刍亚目动物，这类动物的特点是有分隔的胃室，其中一个被称为瘤胃。那些几乎没有经过咀嚼就被直接吞咽下去的食物首先进入瘤胃后，里面的微生物就开始分解食物。但是植物的很多部分都被保护材料包裹着，在反刍的时候，这些保护层会被碾碎，这样更有利于消化，食物的利用率也因此而提高。由于狍子的瘤胃很小，所以它们必须经常停下脚步来反刍。当危险来临时，它们就能迅速并持久地奔跑，而带着一个饱胀的肚子肯定是跑不快的。

族群中有几只狍子总是保持站立状态，在其他狍子反刍并消化食物的时候，它们负责观察周围地带。它们在野外用这样的方式确保能够及时发现天敌——狼。猎人本身并不是狍子的天敌，但他们早已成为比丛林中的狼和猞猁更加危险的敌人，因为猎人并非是用牙齿和利爪来捕猎，他们的猎枪在远距离时杀伤力就已经足够大，而狼在同样的距离甚至都无法引起猎物的紧张感。狩猎使狍子变得极为胆小。不过最胆小的动物往往能够生存下来，或者是那些能及时学会区分毫无威胁的路人和猎人的动物。猎人往往带着猎狗，它们其实是狼的后裔，是为了狩猎而专门培育繁殖出来的，这使得猎人和猎狗具有加倍的危险性。所以即使散步经过的路人带着一只毫无威胁、自由奔跑的狗，也能在野外引发动物的反射性逃跑。

冬天和初春是狩猎季节，这正是田野上的主要狩猎期。狩猎的目标包括兔子和山鹑，在非保护区也包括大雁。狍子也是猎物之一，而且还要按计划完成一定量的猎杀。在这种大约两个世纪前才出现的新情况下，产生了一种新的合作形式，这种合作在自然界绝无仅有，因为其基本条件是人为创造的。合作的双方通过靠近彼此而把各自的特殊能力结合起来。大雁有很好的视力，它们伸长脖子，观察着周围的状况。在数十只或者数百只大雁组成的雁群中，有那么几只大雁在地平线以内的范围不断搜索着可疑的活动。而狍子的听力非常好，它们的“嗅觉”更佳。风儿吹过广阔而开放的田野，带来了猎人和猎狗的气味。秋天在收割完庄稼的农田上，空气中闪烁着折射的光线，这使得目测观察变得极为困难，而听觉和嗅觉可以弥补这一点。如果闻到或者听到什么可疑的动静，狍子就会一跃而起，这样大雁就会收到警报。如果狍子不立即停止跳动，而是更仔细地察看周围的情况，那么大雁也会随之升空并且飞走。反之，如果是大雁先有所行动，那么狍子也会立即警觉起来。双方都会受到对方行为的影响并做出反应，而且它们共同改善了这个预警系统。这两种动物在我们这个时代才学会了这种行为方式，因为从几个世纪前才开始出现广阔的农田，里面长满富有营养的越冬秧苗或者油菜，而在五六十年前才产生了现代农业。远程狩猎步枪同样也是新时代发展的产物。我们虽然并不太清楚，狍子和大雁从多少代开始就使用这个仅仅在特定季节才需要的相互报警系统，但应该不会是很久以前。人类这个生物物种自从诞生以来就是“野生动物”最大的敌人。弓箭或者标枪的有效攻击距离给了猎物公平的逃生机会，可子弹和霰弹却并非如此。自从使用猎枪后，人类在动物眼中的敌人形象被重新调整，而动物的逃生距离也必须增加很多倍。虽然受到人类惊吓而逃离会消耗巨大的体力，有时甚至是生死攸关的能量，但是大雁和狍子有足够的学习能力来适应这种变化。对于这两个从物种而言差别很大的伙伴来说，能够及时发现敌人并从容逃脱是一个明显的优势。狍子群的存在对于因长途飞行而疲惫不堪的大雁而言就意味着一个足够安全且不受打扰的区域。它们也许比狍子受益更多，不过这也取决于经常急转变化的实际情况。大雁学习得更快吗？它们不过“是鸟而已”，相对于身体比例而言，它们的头部很小，而脑子就更小。我们可能倾向于相信同属哺乳动物的狍子更有学习能力。

如果要用一个简单的词来

概括大雁的能力，我们会说，大雁实际上非常“聪敏”。诺贝尔奖获得者康拉德·洛伦兹和他的团队对于大雁的研究成果也证明了这一点。但是还有一种能够普遍观察到的证据可以证明大雁对于人造条件的适应性，那就是它们在城市中的存在。几十年来，在城市水域和公园里生活着各种不同种类的大雁，有体形巨大的北美加拿大雁；原产于中欧的灰雁，而这种雁也是家鹅的前身；还有体形较小，但是看上去活力四射的白颊黑雁，它们在自然条件下栖息于北极的高原苔原上，但是在慕尼黑和其他大城市的公园里也能看到它们惬意的身影。大雁很快就弄明白了，虽然城市里有这么多“危险”的人类，但只有在这里自己才不会被猎杀，甚至还有人给它们投食。这里的狗被绳子牵着，即使自由奔跑的狗也并不会造成什么真正的威胁。所以相比于飞往冬季栖息地所经历的艰苦而危险的旅程，在城市区域过冬是一个更好的选择。它们虽然已经意识到这点，但是在迁徙季节仍然还有一种要飞走的渴望，尤其是灰雁最为明显，人们会在秋季看到它们在空中盘旋，听到它们的叫声。但是好玩的是它们往往在城市上空飞了几圈后，又会返回城市并留下过冬。而狍子呢？它们是不是也应该迁移到城市里生活呢？是的，一些狍子会移居到较大城市的公园里或者城市郊区。但是它们的表现远远谈不上成功，通常只有几个特殊的个例而且还生活在极为隐秘的环境里。狩猎使狍子变成了一种胆怯的动物，而且这种状态持续时间也太久了。它们的习性仍然是大部分的活动都在夜间进行。可那时大雁已经睡觉，它们无法以大雁的行为作为参照。而更困难的是，狍子一般在野外分散独居半年左右，直到晚秋和冬季它们才集结成群，并一

自从使用猎枪后，人类在动物眼中的敌人形象被重新调整，而动物的逃生距离也必须增加很多倍。

起生活到早春季节，这也是繁殖季节的开始。在这之后它们又分散开来，独自生活。而大雁在孵化期只需要很小的一块筑巢领地，它们会一起带着幼雁四处游览，这种行为方式非常适合在城市里生活。幼雁在成长期就已经知道，人类在大多数情况下都是毫无威胁的，或许还可能是食物的来源。但是狍子却很难相信人类。即使是在禁止狩猎的国家公园，狍子这种胆怯的性格也很难改变。

两种不同种类的（野生）动物在自然界中是否能够形成合作，在很大程度上取决于物种的能力和环境的条件。鸟类的灵活变通能力实在令人惊讶，它们比哺乳动物学习得更快，并能更迅速地在新的栖息地定居下来，当然老鼠也具备这种能力，它们同样喜欢在人类聚集区生活，并以人的储备和垃圾为生。城市中鸟类的多样性也说明了这点。一些大城市中的鸟类是如此种类繁多，甚至已经有资格被列为鸟类保护区。虽然某些哺乳动物也移居到了城市，但大多数种类只在夜间活动。因为哺乳动物比鸟类更加依靠嗅觉，所以解读人类的行为对于它们而言或许是很困难的。鼻子只能告诉它们，这个气味来自于人，但是无法说明人的具体行为是怎么样的。与此相反，鸟儿能看到发生的一切，这样它们就能迅速从中得出结论，并尽快适应。尽管如此，仍然有越来越多的哺乳动物会闯入城市。在一些城市，

大白天就能看到野猪和狐狸的身影，还有那些一般生活在野外的驼鹿和熊。也许我们低估了动物对于其他物种的行为以及存在的解读能力，因为我们以为只有人类才具备得出这样结论的推理能力，而且也因为大型哺乳动物以及鸟类因为狩猎和追捕而被阻止于城市之外。鹤已经发现：如果在开阔的田野上有一群狍子，它们周围还有休憩的雁群，那就意味着目前是宁静和安全的，这样它们也会落下来休息。而大型的鹰也同样可以在城市里筑巢，前提是人类不再猎杀它们。就像白鹳能找到安全的栖息地那样，鹰也会认识到城市里的居民其实毫无威胁。

当前城市中游隼的种群数量就是一个令人印象深刻的例子，它证明了对鸟类的有效保护如何改变它们的行为方式，这样一种在二三十年前就濒临灭绝的鸟类竟然在城市里获得了新生。而我们从中得出这样一个结论：相比于已经实现了的共生关系，我们其实可以为动物提供更多的共生机会。狍子和大雁就是一个很好的标志。尽管它们之间只组成了一种很宽松的共生关系，但是这种共生关系依然能够发挥作用，虽然可能只在秋天或初春的狩猎季节中那几个危险的星期。每一个幸存者都属于未来。这些城市和热爱自然的市民提供了最好的机会。物种间的关系并非一成不变，而是非常灵活的。如果我们不阻止，那么它们还会继续发展。

人类和狗——一种特殊的共生关系

03

人类和狗

——一种特殊的共生关系

人们总说：狗是人类最好的朋友。虽然这句话并非针对所有的狗，也不是对每个人都适用，但它仍然一语道出了这个关系的核心。狗信任和它一起生活的人类，这是它的天性。然而人类的不当行为会使狗的行为变得不可预测，从而具有危险性。仅仅在德国，每年就有上千起狗咬伤人的事件发生，甚至有时还会导致死亡，平均每年都会发生一起致死事件。而同时也有很多狗遭受虐待，在驯养的时候承受过度压力，甚至被折磨致死。成千上万只狗在医疗检查中饱受折磨，因为人类将它们作为替代品进行某些动物实验。动物保护法力度还不够，无法全面保护它们。上百万只幼犬被杀死，仅仅因为它们不符合育种目标或者不再被需要。公狗被阉割而母狗被绝育，目的是防止产生非预期的后代，或者防止公狗太难以管束。而如果狗生活在城市住宅区的某个家庭里，其实就相当于跟其他的狗隔离了。

尽管还没有哪个时代能像我们现在这样，有这么多的狗生活得如此幸福，但是也并非所有的狗都过得好。它们或者作为孩子的替代品，给那些社会边缘人一种可靠的伙伴关系；或者是作为家庭成员和孩子们共同成长。狗被殴打、被责骂和训练，而它们却做出了卓越的贡献，例如在警务工作中作为搜寻犬和追踪犬，有的还成了导盲犬。盲人可以完全信赖自己的导盲犬，而它们这种引导盲人的能力已经完全超越了我们人类生物意义上的近亲——猩猩。甚至在盲人没有意识到自己需要帮助的时候，导盲犬就会做出正确的选择。尽管需要多年的训练，而且也并非每只狗都适合这样高要求的工作，但是这些成功例子已经证明了狗的惊人能力，它们可以调整自己以完全适应人类。毫不夸张地说，有些狗能比周围的人更快地捕捉到一个人的情绪。此外，狗有各种各样的大小和种类，从矮小的杜宾犬和像猫一样的狮子狗，再到小牛犊大小的大丹犬和獒犬，从细腿的灵缇犬到强壮的梗犬，所以很难想象它们都是从狼培育驯化而来。

现代遗传学已经证实了人们之前的假设：狗确实是狼的后代。而人们目前其实和超过5亿只“狼”生活在一起。从基因的角度来看，这种差异是如此之小，以至于我们能否给上面列举的狗划分科学种类名称都成了个问题。根据动物分类学的习惯，对于狗的种类界限划分难题和人的一样复杂。我们和两种黑猩猩有接近99%的相同基因，难道可以说我们因此就是第三种黑猩猩吗？在这个例子中我们坚信，并非不同基因的数量使我们成为人类，而是这些基因组合所产生的新能力才是决定性的因素。我们也同样可以确定，狗是单独的一个物种，而并非是改变了基因的狼。

人类和狗组成的共同体显然是一种共生关系，双方都能从中受益。

人类和狗组成的共同体显然是一种共生关系，双方都能从中受益。至少在绝大多数情况下是这样的，也有不少人并没有把狗当作真正的伙伴，但这些人并非人类的典型代表，因为他们的行为是非人道的。在此我并不想从伦理学的角度来更进一步讨论这个问题，市面上已经有非常多的相关书籍，而且对此也进行了很多激烈的讨论。在我们这里和其他很多国家,《动物保护法》都搭建起了基本框架，规定好哪些是被允许的合法行为，而哪些是不能接受的非法行为。值得注意的是，法律使当事人之外的第三方可以代理狗作为诉讼方来维护它们的权益，保护它们免遭不公正待遇。这虽然并非狗独享的特权，但是在受到《动物保护法》所保护的各种动物中，狗肯定是受益最多的。相比之下，猫所受到的重视程度则要低得多，就更别提牛、猪或者鸡这样的实用型家畜家禽了，它们在大规模养殖中已经退化成活着的机器。这些动物为了满足人类的口腹之欲必须付出生命，但是它们从《动物保护法》得到的那点儿仅存的权益完全不符合它们所应得到的标准，完全谈不上是符合物种自然规律的生活。而在野生养殖园里，野生动物（也是为了生产肉食）的处境要好得多。所以在对于人和狗的伙伴关系的研究中，我们完全可以把动物保护看作共生关系的一部分以及关于它的一种法律协议。这也说明了，这项协议对于非常多的人（就是政治上所谓大多数）而言有多么重要。

人与狗之间的关系为更深一步研究共生关系提供了两个观察角度，这也是我们在其他案例中很少研究的两个问题，即共生是如何产生的？它又是如何持续的？插画上描绘的场景对现代人来说是相当遥远的过去，在那个时代我们的祖先还以狩猎和采摘为生，而农业耕种和畜牧养殖还没有产生。那时候是冰河时期，冰川从斯堪的纳维亚半岛推进至北德并覆盖了北海的大部分区域，阿尔卑斯山上的冰川也侵入了山麓地区。在这之间的无冰区，从大西洋西部到亚洲远东地区，生活着大型动物，这些动物和现在撒哈拉以南非洲地区生活的动物在很多方面都很类似。冰河时期体形庞大的狮子和鬣狗与它们在非洲的近亲尤其相像，只不过通常情况下它们的体形更大一些。而冰河时期欧亚大陆最有代表性的巨兽，例如猛犸象、披毛犀以及巨鹿则已经灭绝。

麝牛、驯鹿、巨熊和寒冷冻原的其他动物跟随着冰川的消退回到了北方的苔原。人类和狼捕杀冰河时期的大型动物，并基本以此为生。人类还会另外通过采摘一些植物来补充自己的饮食需求。虽然狼捕杀猎物的效率并不比人差，但是人类才是冰河时期无可争议的最佳猎手。而人类和狼都生活在关系紧密的集体中，在各自的团队中分享捕获的猎物。按道理他们应该成为彼此最大的竞争对手才对，可令人惊讶的是，恰恰是人类和狼组成了一种特殊的共生体，在这个演变过程中人并没有什么变化，但是狼却变成了狗。

冰河时期人类对于狼的驯化通常被用来解释狼变成狗的原因。但事实真是如此吗？参考其他共生关系的产生过程，我们又能从中得到什么认知呢？难道珊瑚把和它们一起生活的藻类给“驯化了”，并在礁石中建立了生物所能建造的最大“建筑”吗？事实并非如此，我们并不认为珊瑚有这样的主观意图。而冰河时期的人类在驯化狼的时候是有意为之吗？在这个过程中，目标设定和主观意图分别扮演了什么角色呢？虽然冰河时期人类的生活方式和环境跟我们现在可谓天差地别，但是他们作为人却是所有物种中离我们最近的。我们可以谨慎地推测一下，当早期人类在驯化狼的时候，脑子里在想什么呢？我们也可以更好地评价狗和人的共生关系现在运行得如何，采取了哪些

形式，在这种相互作用中遇到了哪些困难。而狗为此提供的信息远超其他所有动物和植物参与的共生关系。毕竟不管家里有没有养宠物狗，绝大部分人对狗都有一定的了解。而几乎每个人都可以用自己的亲身经历跟研究人员的结论和思考做比较。

现在我们再回到问题的第一部分，也就是狼是如何（被）变成狗的。起码有一点是清楚的：在驯化的初期，冰河时期的人类并没有把“狗”作为目标。人们怀疑地看着这些走入人类营地或者等待着从人类丰盛的猎物中分一杯羹的狼。附近的狼群对人类意味着危险，而人类会用火来阻止狼的侵扰，即使现在我们也能用手中的火把让猛兽远离自己。但是我们有可能过于害怕猛兽，因为绝大多数人早就疏远了大自然，所以我们往往会过高估计自然界的危险；与之相反，我们却常常低估生活中的危险，哪怕这些危险常常会导致大量死亡事故：“一个大家都知道的危险就不再是一个危险。”这样的观点保护了汽车（及其制造商）不会被看作杀人工具而遭到排斥，虽然过去10年仅在欧洲交通事故的受害者人数已经相当于一座大城市的居民数量了。狼很少致人死亡，而狗却是惯犯。道路上混乱的交通状况比自然荒野更加危险。

在大型食肉动物如狮子、老虎、豹子、美洲虎或者灰熊生活的地

区，当地居民如果看到一头熊，或者一只徘徊在田地中的狼，他们的表现会比较淡定，假如让生活在德国西部和南部的人见到这番景象，恐怕会吓得魂飞魄散。如果是在德国，这么危险的动物会引发媒体的恐慌，他们会促使地方政客采取行动，要求在他们的小地方以更为严厉的手段对付这些野兽。当人类世界早就排斥和废除死刑时，一只狼如果顺从天性猎杀了一只羊，那它就要面临死刑的判决，但是狼又没办法改成吃草料或者面包。

如果寻找狗的驯化过程的起点，我们就不能忽视这个评判体系中那些不对等的情况。驯化意味着受到控制，自由生活被视为是“野蛮的”，而野蛮则是驯服和培养的对立面。这种评判方式在不太久远的过去仍被用在“野人”身上，也就是在西方文化思想中他们（仍然）是“原始人”。在这种状态下的人没有被驯化，所以至少从行为方式来看他们还没有成为文明人。可恰恰是这些石器时代作为猎人和采摘者到处迁徙的“野人”而并非“文明人”成功地将狼驯化为狗。在几万年前，野兽碰到了野人，于是他们建立了伙伴关系，而这种关系如今被上百万人视为生活中最重要的部分之一。

而其中的关键点也许并不在于捕获那些失去母亲的幼狼，因为整个狼群会保护它们，要捕获它们就必须杀死整个狼群。而幼狼会成长起来，而不仅仅被“禁锢”和饲养。遇到合适的时机，它们就会离开人，去寻找自己的野生同类。绝大部分被人类收养的野生动物都是如此，虽然它们在受伤时或者幼年时被人类发现并受到了悉心照顾。驯化的前提是有针对性的以及可控制的进一步培育，保留某些性格，尽可能去促进那些对人而言理想的特性，并且尝试压制或者消灭与野性相关的其他特性。这些内容我在关于共生的基本介绍部分已经详细讨论过了，因为它们都是一些基本概念。而这里我要指出的是“狼从一开始就是被人类有意饲养驯化的”这个观点里存在哪些不足。而更大的可能性是事实恰恰相反：狼自愿接近石器时代的人群，得以分享他们的猎物。它们给自己打上了“共食者”的标签，类似狮子身边的胡狼。胡狼大部分时间都成对出现，且体形较小，而石器时代的狼则体格强壮，足以保护“它们认定的”主人不会受其他狼群的侵扰。这就使得一种更为紧密的联系成为可能。

而人类也利用了这种关系，因为加入人类队伍的狼群由于动物的天性会像警戒犬那样警觉，它们会在危险来临时向人们发出警报，而大部分的危险都发生在夜晚。这可能促使人类给狼投放更多的食物，以增强这种关系。经过数万年的发展，一种生态学上狼的新品种就产生了，我们可以称之为“狗狼”。它们越来越多地根据人类的需求来调整自己的行为方式，学习理解人类的行为并做出相应的反应，这反过来又进一步加深了相互之间的关系。所以，驯化过程更像是狼主动发起的，而并非是人。它们至少在和人类相关的行为方式上进行了自我驯化。如此一来，它们就为很久以后实际进行的繁殖培育做好了准备，也包括针对某些特性的筛选。随着时间的推移，从最开始狼在猎物上的单方面获益终于发展成了双方互惠互利，成了一种真正的共生关系。

当然，这种关系仍然包含了分属不同物种的伙伴间会出现的各种问题和不确定性。狗有可能变得非常有攻击性，甚至有致命危险，而与此同时也有非常多的狗遭受人的虐待。

如果看看人类是如何剥削和虐待狗的，我们就会发现，人类对待狗的行为简直可以称为寄生。但是从结果来看，这对于狗来说仍然有着巨大的优势。考虑到整体数量和生存能力，在全球占统治地位的动物是狗而并非狼。这一结论也同样适用于其他家畜家禽，无论是猫或者骆驼、牛、马和猪以及鸡和鸭都是如此。被驯化的动物在数量上超过它们的野生种群好几个数量级。原始的牛和原始种类的骆驼早就已经完全灭绝。不过这种发展也是可以走回头路的，被驯化的动物仍然可以“野生化”，就像自由生活的流浪狗那样。它们的数量远远超过和人类生活在一起并完全依赖于人类的狗，也许有两倍甚至更多。山羊和猪，甚至通过人工培育已经和野生种类完全不同的马也能够很快“野生化”，并在野外造成巨大的问题。比如，野猪会侵害农作物，而野生化的山羊会吃光某座小岛上的植物。而这种野生化也说明了驯化以及其中包含的共生关系并非稳定和一成不变，尽管很多人都这样认为。在很多共生体中都能明显看到伙伴间的紧张关系，而为了维持共生，它们就必须一次次重新平衡相互间的关系。

牛椋鸟、水牛和其他动物

04

Kaffernbüffel (Syncerus caffer)
Rotbüffel (Syncerus nanus)
Sudan-Büffel (Syncerus brachyceros)

牛椋鸟、水牛和其他动物

水牛、羚羊和长颈鹿难道不烦这种鸟吗？它们简直就像啄木鸟一样锲而不舍，只不过啄的不是树干，而是这些动物的长脖子。有时候动物们会摇晃身躯，才能将这一群鸟儿甩掉。人们把这种体形和八哥相仿的鸟称作牛椋鸟，英文名是"Ochsenpicker"。从撒哈拉沙漠到南非的稀树草原，只要是野生动物和牲畜群出没的地方就少不了这种鸟。在塞伦盖蒂国家公园的野生动物身上经常能看到它们。一些野生动物园的游客会注意到，牛椋鸟在水牛身上到处寻找食物，而当它们突然飞起就是在对水牛发出危险警报。我们已经习惯了啄木鸟攀爬在树干上的场景，但是如果这些跟啄木鸟长得不太像的鸟儿做同样的事，那背后应该有某个特别的原因吧。难道牛椋鸟为水牛、羚羊和其他动物提供警戒服务？就像猎人的森林传说中被称为"边界守卫"的松鸦那样守护着我们的森林？当有人进入森林时，松鸦就会大声鸣叫发出警报。如果它们只是在看到猎人时才会报警，而看到普通行人不会大叫，那么这种差异化的行为就足以证明它们的聪明智慧。不幸的是，它们这种传递警报信息的欲望常常使得自己沦为牺牲品，成千上万只松鸦因此而被击落。松鸦到底为什么发出警报？是针对所有人类吗？还是因为看到了狐狸这种根本不可能伤害它们的动物？或者是因为苍鹰？但是对于松鸦来说苍鹰的速度实在太快了，如果苍鹰突然袭击，那松鸦根本来不及报警，现场留下的就只是一堆羽毛了，其中还有松鸦肩部那漂亮的蓝白相间（像巴伐利亚州旗的颜色）的羽毛。彻底解析它们的叫声是非常困难的，因为我们无法想象森林在还没有人类出现时的原始状态是什么样子。它们到底是针对谁发出警报？为什么会针对人呢？大自然爱好者喜欢去森林里漫步，可他们并不会射杀松鸦。在进一步观察牛椋鸟的行为时，我们要记住这个悬而未决的问题。

显然，牛椋鸟在做一些有用的事情：它们在动物皮肤上啄食蜱虫，从伤口中啄出蝇蛆。动物很容易受伤，比如在荆棘的灌木穿梭途中，或者在和竞争对手的争斗中，也许还有逃脱猛兽袭击的过程中都会留下伤口。这些动物并非自愿提供蜱虫和蝇蛆，它们只是不幸感染了这些寄生虫，如果能摆脱这种烦恼，对它们而言当然是件好事。

这样一来就满足了共生关系的基本条件：互惠互利。牛椋鸟非常勤奋，它们在大型动物身上所有的皮肤褶皱处和皮藓块上仔细翻找，连耳朵和肛门都不放过，有时甚至会扒在动物的鼻子上检查鼻孔。虽然它们会因为动物们抖动身躯而暂时飞起，但是并不会完全离开，经过短暂的飞行后就会返回，就好像空中充满了危险似的。总而言之，它们并不适合飞行。而且当老鹰接近时，待在水牛背上或许对于它们是个更好的选择。在非洲有很多捕食鸟类的猛禽。如果像其他鸟类一样寻找树洞筑巢以及抚养幼鸟，这对于牛椋鸟来说过于冒险了。而巢穴又无法固定在活着的大型动物身上，因此，晚上它们会离开这些大型动物，一起飞回灌木林中的栖息地。它们和欧洲八哥是近亲，这也解释了为什么它们和大型动物有如此亲密的关系，我们这里的欧洲八哥也喜欢待在绵羊或者牛的身上，啄着动物们的毛发，在牧场上陪伴它们。牛椋鸟和欧洲八哥这种行为背后的原因是相同的，在牲畜放牧区域，草场上的草都非常短，这样鸟喙就能伸到土地表面以啄取食物。

在非洲大草原上，几百万年以来生活着各种大型动物，在那里发生的一切都比我们门前的草地规模要大得多。从古至今，没有任何一个地方能像非洲这样拥有如此多的大型动物并且分布如此广泛。所以，非洲具有对椋鸟进化特别有利的发展条件。我们可以想象，椋鸟在历史上曾经有过的种类多样性和非洲大型食草动物差不多，可以追溯到冰河时期之前，也就是所谓第三纪。当时由于降水量越来越小，降水频率降低，草原的面积在热带和亚热带地区不断扩张，而森林的面积则日渐萎缩，这就给椋鸟和大型动物足够的时间来发展这种令人惊叹的共生关系。牛椋鸟从大型动物身上获益颇丰，而作为一个小小的回报，它们也在危险来临时飞起以示警报。

它们攀爬在动物身上清除寄生虫并清理伤口，这种陆地上的“清洁服务”类似于海洋珊瑚礁中的清洁鱼和清洁虾，不过似乎也有一个微不足道的副作用，因为牛椋鸟的行为并不总是像表面看上去那样和谐。如果蜱虫和蛆虫不能满足它们的胃口，它们就会像红嘴椋鸟那样，用锥形的鸟喙在动物身上戳出伤口或者将已有的伤口扩大。这让我们想起了那些伪装的清洁鱼，它们在礁石旁的“清洁站”模仿清洁鱼的身体花纹和行为方式，迷惑前来的鱼并撕咬它们。

从人的角度来做出价值判断显然是不合适的，我们最好能从参与双方的视角来审视这种共生关系。作为基础概念，这个例子十分重要，我们在前言部分解释什么是共生关系时就曾有详细的介绍。足够多的迹象表明，把野生动物完全从害虫的侵扰中解放出来并不符合牛椋鸟自身的利益，因为这样也就意味着牛椋鸟毁灭了自己的食物基本来源。在它们与大型动物建立起共生关系的长久历史中，哪怕它们只有一次接近全部清除寄生虫这个状态，那么牛椋鸟也将不复存在。在大型哺乳动物大量生存的地区未必能见到牛椋鸟，它们只生活在非洲。对这一点的详细描述请阅读前言部分。

让我们再回到松鸦这个话题上来，它并非是唯一一种在危险来临时发出警告声的鸟，很多小鸟也会发出报警的鸣叫，这些叫声大多是高音，不仅自己的同类能听懂，连其他鸟类也能迅速领会。难道它们就这么乐于无私奉献？进化生物学家一直在努力研究这个现象。其中有一个核心问题：发出警告声所带来的风险能否被其带来的好处所补偿，尤其在其他鸟类也同样会发出警报的前提下。研究人员对此做了大量的计算和建模。但是模型并不能改变自然界的事实。在被人类改变如此之多的自然界中，在鸟类经常发出通用警报叫声的森林里，确定相对应危险的程度是非常困难的。像雀鹰这样的敌人，它们的出现频率远不及在警报叫声刚出现和发展初期的那个遥远年代。人类改变了太多，以至于我们无法把现在的共生关系与自然状态联系起来，而这个结论是有普遍性的。如果在接近自然状态的热带雨林或者原始森林里观察小鸟，你就会发现，类似雀鹰这类以小鸟为食的猛禽们日子并不好过。在那里捕获小鸟的可能性要远低于在我们这样开阔的森林里，或者村镇和城市中。而恰恰在这些地方，小鸟的聚集密度非常高。所以，警告叫声也许并非和任何重大危险相关。大声鸣叫的松鸦也可能不会被射杀，而在它附近的同类以及能正确解读叫声的狐狸也是如此。这些共生关系的例子中展现出来的关系其实并没有那么紧密。为了能够更加清楚地展示出这种关系，大自然中复杂的现实世界被人类强行简化了，在很多情况下，我们并没有完全了解其真正的运行机制。将来，可能会因为知识的更新需要修改所有的解读方式，而这正是自

然研究的魅力所在，也使它区别于僵化的教条主义。尽管如此，这些例子仍然是令人兴奋的，或许它们可以为进一步深入的研究带来一些启发。

乌鸦与狼群——一种紧张的关系

05

乌鸦与狼群
——一种紧张的关系

冰层覆盖了北欧、西亚以及北美的大部分地区，与此同时，狼正在接近人类，以下的场景或许曾反复出现：乌鸦发现了一头被冻死或者饿死的鹿，这么大的猎物足够保证很多乌鸦在一段时间内不再挨饿。但是鹿的躯体被坚韧的皮肤所包裹，上面还覆盖着一层厚厚的兽毛，乌鸦无法啄开皮毛，也就吃不到里面的肉。无论它们如何努力，唯一能够获取的战利品仅仅是从死尸脸上啄下来的一只眼睛，它们甚至无法触及到头部另一侧的第二只眼睛，因为即使它们齐心协力也不可能转动鹿的头部。在这种情况下它们能做什么呢？这种最聪敏的鸟面临的问题和在非洲或者印度生活的秃鹫有所不同，秃鹫如果无法撕开一头死去的水牛，它们只需要等待就可以了，因为即使没有鬣狗或者狮子发现尸体，在热带高温下尸体腐烂所产生的气体也会使其自行爆裂。而在冰河时期的冬季，尸体不仅不会爆裂，而且会冷冻成为“速冻食品”。如果乌鸦能熬过冬季的话，那么或许在下个夏季能等到尸体融化并开始腐烂。然而，越来越多的乌鸦赶来了，它们深沉而响亮的鸣叫声越来越大。无论是现在还是过去，当渡鸦聚集在大型动物尸体旁边时，人们都无法分辨它们是在吵架还是在“闲聊”。乌鸦的鸟喙甚至能震慑老鹰，使其无法靠近，可对于撕开尸体这件事来说还是不够尖利。但这种黑色大鸟知道如何寻求帮助以达到目标，它们漫无目的地盘旋飞行，时而俯冲时而升空，大声鸣叫着向1公里外觅食的狼群发出信号。而作为最聪敏的哺乳动物，狼能听懂乌鸦发出的信号，并按照乌鸦的指引快速到达尸体所在地点。它们之前没有闻到尸体的味道，是因为风向不对，空气也过于寒冷。而这头鹿有一半埋在积雪中，只有离得很近的时候才能看到。不过第三种远距离感官——听觉——发挥了作用。乌鸦的叫声就意味着发现了猎物。而这头鹿也救了狼群的命。在冬季临近结束的时候，食物是异常匮乏的，很多虚弱的动物早已死去，而那些没能及时被发现和吃掉的尸体在严寒中被冻得像石头一样硬，而且还被大雪覆盖着。现在狼群终于可以享用这个重达几百千克的肥美猎物了。

那乌鸦呢？它们非常聪明，确保了自己应得的那一份猎物。在关乎生死存亡的严峻形势下，份额的分配是否公平反倒是最无足轻重的。狼群肯定会剩下足够多的食物，甚至会有很大块的肉以及内脏，因为它们无法吃掉超出自己消化能力的食物。而且，乌鸦在另外一个方面远远胜过狼，它们可以飞行，而狼只能蹦跳着试图抓住飞起的乌鸦。随着肚子里塞进更多的食物，狼也放弃了这种防御尝试，因为这么做根本不值得。无论乌鸦得到了5%还是10%或者更多，这都比只能吃到死鹿的一只眼睛强多了。而我们人类作为旁观者可能会有这样的印象：狼似乎在这个互利关系中比乌鸦得到的更多。但是平均每头狼所需要的食物量远远大于一只乌鸦，这是由于体重差异所造成的。对于冰河时期的狼，我们粗略设定它们的平均体重是45千克，而乌鸦为1.5千克，这样就得到了30 ∶ 1的体重比。假设每天食物（肉类以及可以消化的骨头和软骨）摄取量需要达到体重的10%，如果狼在接下来的3天内不需要狩猎就能维持生存，那么它大约需要摄入15千克的食物，由10头狼组成的狼群所需的量不到这头鹿的1/3，因为一头鹿的体重可达半吨重。而数十只乌鸦的食物需求量为25千克左右。所以不论乌鸦和狼采用什么样的分配比例，这头鹿都足以满足二者的需求量。

这种粗略的计算无法展示更多的信息，但是它引发的一个必要的思考却是对解决这个问题的有益补充。在非洲，当秃鹫和狮子、鬣狗、胡狼、秃鹳以及其他食腐动物，其中也包括大甲虫，一起享用大型哺乳动物的尸体时，似乎所有在场的动物都能得到足够的食物。因为如果不是这样的话，那么秃鹫应该早已灭绝。几百万年前，它们从像鹰一样能自主捕猎的祖先发展进化成为食腐动物，随着时间的推进，它们完全丧失了捕食猎物的能力。年复一年，它们完全依赖于狮子和其他掠食动物捕食猎物后所剩下的“残羹”，这对于它们已经足够了。而且有些时候，掠食动物甚至不需要追踪和杀死猎物，因为很多大型动物会在迁徙途中死亡。秃鹫经常在高空滑翔来寻找并定位地面上的动物尸体。数百万年以来，这种方式一直行之有效。专门以腐为食的秃鹫有多个种类，很多都采用这种捕猎方式为生。这样我们就可以得出这样一个结论：松鸦和狼之间更为简单的关系也是以类似的方式来维系的。此外，狼和松鸦在全球范围内的分布区域大多重合。在非重合区也存在着不同生活条件下的替代品。这两种生物都有足够的时间去适应对方。或许它们在整个冰河时期都是以松散的伙伴关系生活在一起的。然而到了我们这个时代，它们以这样的方式共同合作的机会却变得越来越少，因为人类几乎消灭了狼，狼的数量变得如此稀少，我们很难再观察到松鸦和狼之间的互动。

所以我们必须用过去式来描述这幅插图中所展示的活动。不仅狼和松鸦的共生关系逐渐消失，作为其基础的整个生活环境也发生了改变。这种改变发生在外部条件中，因为最后一个冰河时期——维尔姆冰期大约在一万年前结束，随之而来的是一个新的温暖时期——全新世。在北部高纬度地区和高原，变暖的气候区彻底改变了冰河时期的自然环境。虽然在北部针叶林和苔原，以及在欧亚和北美的一些高地还存在大雪、严寒和短暂夏季这样的气候条件，但是人类也极大程度地改变了这些地方的自然环境，尤其是大型动物的数量和出现频率都急剧下降。冰河时期的生活条件和数量庞大的大型哺乳动物都不复存在。而在这些动物曾经生活过的地方，比如在两万年前的欧洲，农业正在蓬勃发展和扩张。猛犸象群以及成群的野马、驯鹿、麋鹿和巨鹿，这些被冰河时期的狮子、鬣狗、巨熊，尤其是狼所追猎的动物都彻底灭绝了，就连残存的红鹿群也无时无刻不受到农业的排挤。无论它们身在何处，都会被猎人当成“自己的猎物”。从兔子大小的动物开始，几乎所有的动物都被视为猎物。猎人可以决定，哪些更大体形的动物以多少数量存在或者根本不允许它们存在。在过去的一万年中，不仅是气候，而更多的是人类从根本上改变了动物世界的组成。

家畜以一种完全类似的方式代替了以前的野生动物，例如草地上

的奶牛代替了大野牛和欧洲野牛，家猪代替了野猪，家里饲养的马代替了野马，但是这绝不是一种简单的代替。大部分养殖的家畜被关在大批养殖的笼子里。只有家猪的野生形式——野猪还在到处制造麻烦，因为过去几十年间，田野里的玉米种植和过度施肥都对它们种群的增长极为有利。就连作为调控手段的野猪猎杀都失败了，在我们这里，打猎并非以真正的种群数量控制为目标。在绝大多数猎人看来，仍然不能允许狼去狩猎野猪以帮助人类控制野猪数量。相反，最好不要让人见到狼群，或者它们应该与世隔绝地生活在几乎没有鹿的森林中，在可能的情况下永远不要咬羊。德国北部的渡鸦发现羊群中有死去的或患绝症的羔羊时，总是发出鸣叫。人们总是立即就把责任推到渡鸦头上，其实，渡鸦的叫喊声并没有任何作用，因为附近压根儿就没有它们想要提醒的狼群。万一真的有羊被狼咬死，那几乎无一例外是宣判了狼的死刑。

这些聪明的披着灰色毛发的狼群和伶俐的披着黑衣的乌鸦需要很多的聪明智慧，才能让自己存活下来。

渡鸦之所以能够存活下来是因为它们非常聪明。农民们养绵羊是能够获得国家高额补贴的，就像整个土地经营领域一样，也许他们当中有一部分理智的人有一天能够学会用一种更加均衡的方式与狼群和乌鸦相处。至少目前热爱大自然的人仍然觉得前景黑暗。农民和猎人对狼群和乌鸦的恨意实在是太深了。这些聪明的披着灰色毛发的狼群和伶俐的披着黑衣的乌鸦需要很多的聪明智慧，才能让自己存活下来。其实生活在冰河时期的人类更了解这一点。他们将乌鸦和狼作为图腾，视作自己族群的象征。别忘了那时他们可是以狩猎和采集为生。狩猎对他们而言，可不是今天这种完全可以放弃的享受，他们的采集活动也得不到公众的赞助。冰河时期的人类遵守着自然界的法则。这种法则能够奏效，完全依靠伙伴关系，就像狗的祖先狼群之间那样。从狼演变而来的狗现在被当作人类最好的朋友，可是很多人却将狼视作恶魔，这完全是中世纪最黑暗时期流传下来的谣言。那时人们曾经羞辱和烧死了几万名被称作女巫的人，而乌鸦和渡鸦就被视为女巫之鸟。可惜人类历史上最暗黑的几百年留下的影响依然还在，今天在对待乌鸦和狼群时，人类的态度并未改变。

野猪与松露

06
B 3261
B 2217
August
Oktober

野猪与松露

蘑菇就像一种畸形生物，子实体藏在地下，而长在地面以上的菌盖能找到合适的方式传播。“普通的”蘑菇都会长出菌柄和菌盖。菌盖（菌褶、菌管和菌齿）底部有特殊的一层会产生孢子。根据孢子结构的不同，真菌学专家将蘑菇划分为几个大类，至于它们的专业名称就只有很少的专家才能掌握。我们只要记住最简单的特征就足够了。孢子通常是球形，也有椭圆形、线形或者其他形状，长和宽只有不到千分之一微米，产生于蘑菇顶端特殊的细胞之中（担子、子囊）或者是蘑菇内部，包裹在管子形状的细胞中（管孔、子囊）。第一种又可以分为好几组，其中最有名的一组蘑菇是在菌盖底部的菌褶里或者管子里藏着孢子。长着菌管的这一类蘑菇包括牛肝菌、毒蝇伞；而口蘑则属于长菌褶的蘑菇。最好认的就是有毒的毒蝇伞，菌盖是大红色，长着白色的小点点。它很有名，据说是用来毒死苍蝇的，服用后能引发幻觉，让人进入一种介乎生死之间的危险状态。还有几种“长菌管”的蘑菇也很容易辨认，比如红帽子（插图中作为受喜爱的食用菌——橙黄疣柄牛肝菌）。如果蘑菇彻底成熟了，藏在菌褶或者菌管里的孢子就会在重力作用下脱落，或者如果接触到菌体就会被带走——例如粘在动物的腿上或者被雨水冲刷走。无论是哪种方式，蘑菇在地表以上的部分——子实体都发挥着播撒孢子的作用。而其他的蘑菇也有别的办法，很多子囊菌有一个更加主动的喷洒机制，菌体成熟时在胞囊中会形成一股很强的压力，从而导致一种像爆炸一样的释放过程。子囊菌包含了很多种不同的蘑菇，其中最有名的就是羊肚菌，它那蜂房一样有很多小洞的菌盖让人第一眼就能认出这种结构肯定与传播孢子有关。还有无数的例子，因为真菌的形状实在是千差万别。我们平时看到的那些蘑菇只占到真菌总数的极小一部分，绝大多数真菌都长得非常小。这个大家族另外还有侵蚀我们脚指甲或者皮肤的真菌，粮食作物上的锈菌以及可能造成生命危险或者是像青霉素一样可以挽救生命的真菌。

真正的松露属于块菌属，子囊菌门，这个种属的蘑菇有着菌盖加菌柄的典型构造，而松露是一个特例。它们会在栗子树的根部形成一些球状物，尺寸最大的像小孩脑袋那么大。松露最奇特的一点就是基本上是在地下度过整个生命周期的——只有少数几个种类的松露会在全部成熟时把脑瓜顶露出地面一点儿。我们将这种特别的生物作为考察对象时，重点不是它的价格或者孰优孰劣，因此我们不会按照颜色来做以下划分：黑松露或者佩里戈尔德松露，它们在阿尔卑斯山以北极少出现；白松露或者山麓松露，在我们这里常见的夏季黑松露或者其他品种。至于这些松露的价格能卖到多贵，每年都有差别，地区之间也不同，还有波动的气候和土壤情况。按照当前互联网上的信息（维基百科），1千克白松露售价为9000欧元，在日本甚至能卖到1.5万欧元。我们只想用这组数据开始来解释这种“松露现象”，为了让大家来了解一下这个现象产生的背景。

在这里我要加入两个小插曲。第一个是德语中“土豆”这个名字的来历，这种原产自南美洲的块茎果实早已成为我们人类食物中最重要的农作物。其实我要讲的是意大利语词汇“tartufo”，也就是松露的名字变成现在这样的德语拼写方法与这两种植物的相似性有关，而与它们的味道无关。第二个我想表达的观点是“松露”这个名称经常用得很不准确。真菌学者对一系列地下生长的、块茎状的真菌进行了区分，它们并非全部属于子囊菌门。在德语中我们将它们称为大团囊菌、腔块菌、洛林松露、黑腹菌、沙漠松露、须腹菌等等。在高档美食餐厅里属于传统“高级松露”的只有属于西洋松露属的几个代表性品种，有些人之所以愿意出天价也是为了品尝它们。子囊菌门里几个有亲缘关系的品种属于过渡性真菌，类似于真正的松露形成过程中的某个节点。松露一开始也是纯粹的地上子实体，后来才进化成全部都生长在地下。专家们会将它们称为“地上”（地表）和“地下”（地底下）生长的种类。松露有一个非常引人注目的亲戚（中欧地区），属于地上生长的菌种，它有橙色和猩红色的盘菌，属于网孢盘菌属，还有另外一种是肉杯菌属，它们的子实体都或多或少像高脚杯和盘子，颜色是十分鲜艳的黄色、橙色或者红色。猩红色的绯红肉杯菌在初春时节就已经长了出来，非常醒目。有些喜欢蘑菇的人将它戏称为“我们的雪花莲”，因为它出现的时间正好这种花也在开放。绯红肉杯菌与松露有一种特别的亲缘关系。为什么松露演变成了地下的子实体，而它的很多亲属长在地面以上不也好好的嘛，这个问题还没有解

答。地下的子实体能形成，并非地上的部分慢慢地转入地下，而是恰好相反。因为纤维状的菌丝生活在土壤里，或者在腐烂的木头里，在那里才开始形成子实体。松露在子实体的前期阶段就不再伸到地表以上去。它的亲属，如紫星裂盘菌先是形成地下的封闭的子囊盘中空球，成熟之后就会裂成星星状，从土壤里萌发出来，专业名称叫作“半埋生”。

接下来读者可能会提出一个问题：生长在地下的松露与地面长出来的“正常的”蘑菇各有哪些优缺点？持续的下雨天和温暖的天气都对蘑菇生长有利，恐怕不只是那些采蘑菇的人才知道这一点。真菌需要一定的湿度——土壤的湿度或者是其他湿润的生物区，比如手指和脚趾的甲床、潮湿的身体部位或者腐烂的木头。从降水量丰沛的大西洋温带海洋性气候到夏季炎热的地中海气候，这些气候分布的边缘区域都不适合较大个头的子实体生长，越干燥越不行。如果真菌能够在土壤里生长，就能较长时间得到一些湿润的空间。但是这也就意味着失去了用传统方式来传播孢子的可能性——脱落到地上或者被带走，这二者都是真菌及其传播的必要条件。它们不可能永远都生活在同一个地点。

著名的“松露的气息”或者说“松露的味道”包含了一些物质，与猪体内雄性激素的味道很相似。

子实体在土壤中发展是一种有利条件，但缺点也显而易见，那就是完全没办法传播孢子。松露通过一种特殊的共生关系来解决这个问题，那就是香氛的参与。著名的“松露的气息”或者说“松露的味道”包含了一些物质，与猪体内雄性激素的味道很相似。它们不仅会吸引野猪或者专门用于寻找松露的家养母猪，也会对（某些）人有效，他们在绝大多数情况下根本无法预知，为什么他们这么喜欢吃松露。他们见到松露后的反应和野猪是差不多的。猪才是松露香味本来设定的大自然中的接受者。这些动物就会被松露的味道吸引，在土里翻找成熟的松露，“成熟”的意思是说真菌已经包含了可以发芽的孢子。即便松露被野猪吃掉了，但是仍然会有足够多的孢子沾在野猪的鼻子上，而这头野猪又会跑到森林里别的地方，在土里翻找松露，那孢子就可以趁机被传播开来。只要还有野猪（或者是家养的猪，以前很多地方的人都会把猪赶进森林里去找吃的）存在，那松露这种特殊的传播方式就会行之有效。所以我们也就清楚了为什么松露主要长在橡树林里，因为野猪特别喜欢在橡树下面翻找橡子，所以在这个过程中真菌就被播撒下去了。

这算得上是一种共生关系吗？这样一段关系对野猪而言又有什么好处呢？在我们这个时代的经济林里恐怕是没有的，不过在法国和阿尔卑斯山南麓作为萌生林使用的橡树林里情况则完全不同。这些都不是我们这里常见的森林类型，而是在某些方面更加自然的森林，虽然那里的木材也会被砍伐使用。当地人以前就经常把家养的猪赶到这样的森林里去，现在也是如此。有些人非常感谢这样的养猪方式可以延续至今，例如伊比利亚的橡树林，当地的猪就在里面吃橡子，正因如此才能出产著名的塞拉诺火腿。在人类进入森林之前，野猪就生活在有很多橡树的森林里，它们与松露之间的联系也保留至今。这种共生关系能够存续下来还要感谢几百年来不断被赶进森林里去的猪。而现在欧洲的大部分地区野猪的种群大为扩大，使得松露也有了更好的机会，能够继续这种在地下生存的方式。这种共生关系名副其实，因为促成了这段关系的正是这样一种化合物：它让哺乳动物想起自身的性激素的味道。猪往往比大部分的狗嗅觉更加灵敏，不过狗经过训练同样也可以用来寻找松露。人类也就可以享受到高价买来的松露，尽管众所周知，这种味道有些“不正经”。那么猪又能获得什么好处呢？也许真的就只是满足了口腹之欲吧！

热带巴西栗树与刺豚鼠的合作

07

Paranussbaum . Bertholletia excelsa
Prachtbiene
Männliche Prachtbiene wird von der Orchideenblüte angelockt.

热带巴西栗树与刺豚鼠的合作

在86页的插图里我们一眼就能认出：这是一只正在慢慢接近的美洲虎，它的体形比猎豹更大、更强壮，猎豹是跟它对应的生活在非洲和亚洲的猛兽。在美洲虎的分布区域里以前就曾出现过狮子，现在也有，但是南美洲却没有这种动物，它们永远都没能到达这片大陆。而出现在北美洲和南美洲的美洲狮，体形比美洲虎小。因此我们可以推导出来，美洲狮在中美洲和南美洲的地位就相当于狮子和猎豹加在一起。但是这张画的中心位置却不是大型猫科动物身上的斑纹，而是一种很少见的动物，只有见过的人才能立即认出它来：这是一只刺豚鼠。它的身体形状和尾部让人想起豚鼠，但是腿却比豚鼠长得多，尤其是后腿，所以它身体的后半部明显被抬高了。以前人们曾叫它们“金兔子”，但是现在它在印第安语里的名字“Aguti”使用更为普遍，在德语里也是用这个词。不过刺豚鼠并非只有一种，在中美洲和南美洲的不同地区分布着7种刺豚鼠。它的生物学种属名称是*Dasyprocta*，非专业人士根本不知道这个词是啥意思。这个词源自拉丁语和希腊语，意思是长着浓密毛发的臀部，虽然这个描述也算贴切，但是仍然没有告诉我们太多信息。其实我们可能更多地从它们鼻子扁而短的头部形状看出，它和豚鼠这么相似肯定是有相同的渊源。这次的表象没有骗人，这两种动物之间的确有很近的亲缘关系，它们都属于啮齿类动物，都发源于中美洲和南美洲被称为“新热带界”的地区。这个概念是为了和“旧热带界”有所区分，其中的原因很重要。因为新热带界从一开始就是一种很不合适的划分方法，直接将北美洲给排除在外了，因为这部分美洲大陆在地球史上属于欧亚大陆板块。尤其是北美洲与亚洲以前是比较密切地连接在一起的，二者关系比北美洲和南美洲还要近。我们先从动物地理的角度来简要介绍一下这片区域，之后再讲解刺豚鼠和这种巨大的果实之间令人惊讶的关联，这幅插图描绘了一个真实的场景，那就是刺豚鼠非常喜欢这种果实。

南美洲的大自然有很多独特之处。原因不只在于这片大陆的大部分都是热带和亚热带气候区，而热带本身就有非常丰富的动植物品种。南美洲曾经有5000万年的时间都是一个岛，而且是世界上最大的岛，面积有1800万平方公里。在中生代，南美洲和非洲还是一个整体，现在的非洲西海岸的形状与南美洲东海岸还是完全吻合的。如果在地图上画出这两个大陆，再沿着边缘剪下来，拼贴在一起，它俩完全就是一体的。如果将大陆架作为边界，所有的部分都相互契合，不过曾经作为两个大陆底座的大陆架沉入了300米深的海底。这个现象在19世纪就引起了人类的注意。20世纪初的1915年，德国气象学家和格陵兰问题专家阿尔弗雷德·魏格纳提出了大陆漂移学说来解释为什么非洲和南美洲的海岸线如此吻合。以前连在一起的大陆在遥远的地质年代破裂成了几大块并在大洋中慢慢地漂移。这个理论一开始遭到了嘲笑和讽刺，但是我们现在不仅确定了真有大陆漂移这回事儿，而且我们还知道漂移仍在继续，甚至它的速度都是可以测量出来的。

南美洲与非洲之间的距离每年增加几厘米。在欧洲人发现了南美洲之后的500年时间里，南美洲与非洲之间的距离已经增加了十几米。尽管与人的寿命相比，或者与民族和文化的传续时间相比，这一点儿影响似乎微乎其微，但是如果以几百万年为单位来看就会发现，两大洲之间的距离已经变得非常遥远。漂移也导致了地震和山脉的耸起，南美洲向西漂移的过程中就形成了地球上最长和第二高的安第斯山脉。不仅地质构造变得更加多样，就连有生命的大自然也变得丰富多彩。在与非洲大陆脱离之后，南美洲变成了一个巨型岛屿，上面发生了与旧世界同时出现的进化过程。就像地球另外一边的澳大利亚，凭借其岛屿的位置也变成了“新世界”。5000万年的时间与其他大陆没有任何接触，图片展示的特点构成了这里独特的背景环境。这就意味着，南美洲这座巨大岛屿上的动植物必须在脱离非洲时保留下来的基础上继续进化。除了一些善于飞行的动物品种之外，不会再有新物种从旧世界传过来。非洲与南美洲之间距离越来越遥远，将它们隔开的南大西洋变得越发无法逾越。

在大陆板块割裂之前，南美洲就生活着数量众多的各种动物。这种多样性在漂移之后被保留下来，其中就包括现在纯南美洲猴子的祖先，这些猴子身上有着与旧世界的猴子完全不同的特性。多种新世界的猴子都有能抓东西的尾巴，在攀爬树枝的时候就像第五只手。真正具有南美洲特点的当然还是那些南美洲所独有的动物，例如树懒、犰狳和食蚁兽，还有和豚鼠是近亲且同属于啮齿类动物的刺豚鼠。并不仅是啮齿类动物里有几个南美洲独有的品种，很多鸟类也是如此，还有在爬行纲动物中占主要地位的鬣蜥。经过5000万年与其他大洲完全隔绝的状态，新热带界变成了一个独立的世界。当然这里的动植物世界也呈现出与非洲及其他几大洲惊人的相似性，被称为“趋同现象”，有些很明显，而有些需要更仔细地观察。比如刺豚鼠和它的亲戚，体形稍大一些的无尾刺豚鼠，其行为与旧世界热带雨林里的小羚羊相似，二者都是“后肢强健”。它们的腿部构造使其身体能够像闪电一样快地改变运动方向，如果有天敌比如美洲虎或者其他体形稍小一点儿的大型猫科动物在后面追逐它们，这项技能可以救命。南美洲有很多动物都属于这一类型。尽管如此，有时刺豚鼠的动作还是不够快，因为大型猫科动物会提前埋伏起来，然后毫无声音地接近猎物，比如美洲虎。因此它们必须时刻保持警醒小心，更何况它们基本上毫无抵抗能力。

豚鼠一般情况下不会咬人，除非实在是被人惹急了，这时候就有可能会咬出很深的伤口，因为它的啮齿又长又尖。对于豚鼠来说这就是它们最重要的一种工具，刺豚鼠也是如此。彩图中的这颗果实就是摆在刺豚鼠面前的一个挑战，它需要强有力的牙齿和发达的咬肌。像小孩头一样大的圆球像石头一样硬，里面包裹着三棱形的坚果，坚果外面还有一层很硬的果壳，这就是我们熟悉的巴西栗，它很好吃。我们平时用的那些胡桃夹子根本就夹不开它。这听起来简直有点儿荒谬，这种包裹得像“加农炮炮弹”一样硬的坚果只能直接落在树下，而果实要在树上长一年才能成熟。可是如果这棵大树还能活几十年，树下并不是一个很适合让种子发芽并长成一棵小树的地方。如果一阵暴风雨将这棵刚结出果实的巨树吹倒在地，那只有在树枯死之前掉到地上的坚果才有机会发芽。巴西栗的树能长到很高，能高达50米，而且树龄也很长，寿命达到两三百年不成问题，所以能高高矗立，不怕被热带雨林里的其他树木遮住。所以对这样一棵树而言，"经济"的做法是在临死之前才结出果实。但是也要冒挺大的风险，因为也有可能果实还没孕育出来，树木本身就当场死掉了。只有成功地将果实播撒出去，才能看作是这棵树的重生。"加农炮炮弹"一样的果实还有可能顺着山坡滚下去。这种方法对于传宗接代而言也仅在短时间内有效，因为如果掉入最下面的山谷那就完蛋了。读者看到这里可能就会问了：这种树为什么要长这么重、这么硬的种子，根本不适合进行自然的传播嘛。

至于种子的起因我们只能依靠猜测了。事实证明其实种子的传播问题倒是很好解决，主要的参与者就是刺豚鼠，所以它被画在插图的正中间。它们能用强有力的啮齿咬开硬壳，虽然也要花费一些力气，但基本上都能成功将巴西栗嗑开，种子就掉出来了。果实上本身的开口实在太小了！所以巴西栗需要助产士帮忙，才能摆脱铁一样硬的果荚。不过刺豚鼠出手相助完全是为了满足自己的口腹之欲。它们会不断咬开每一颗种子外面的硬壳，然后把里面的种子吞下去。我们也知道这种坚果好吃又有营养。费了这么大劲儿就落得这么个下场，我们都要替这棵树觉得不值了。前面我已经说过了，果实外面包裹的那部分像炮弹一样大，在地上随处可见，再加上它们很重，所以从树上掉

它们能用强有力的啮齿咬开硬壳，虽然也要花费一些力气，但基本上都能成功将巴西栗嗑开，种子就掉出来了。

在哪里基本上就固定在那儿不动了。即便刺豚鼠没办法吃掉所有的坚果，似乎这棘手的情况也没有真正改善，因为剩下的果子还不是就在大树底下这么不适合生长的地方萌芽。

但是刺豚鼠和巴西栗并不是新热带雨林里仅有的两种生物。刺豚鼠随时都有被其他猛兽比如美洲虎猎杀的风险，所以它们有一个习惯，跟德国森林里的大部分小松鼠和松鸦一样，就是把巴西栗运到远离母树很远的地方藏起来，它们会把果实埋进土里，自己记住地点。一般情况下都能再次找到，但总会有记不住的情况发生，在这种时候就是树木一方得利了。有些埋得很好的果实不会被再次挖出来，或许因为那只刺豚鼠改变了自己的巡逻区域（地盘），或许是另外一种常见的情况：那就是它被天敌吃掉了。不只是美洲虎和其他的大型猫科动物威胁着和野兔差不多大的刺豚鼠，它们的身体呈楔形，体重3千克到5千克，也是蛇以及红尾蚺最喜欢的猎物。被吃掉的这一只刺豚鼠之前藏起来的坚果就没机会再被食用，因为没有其他刺豚鼠知道那些坚果都被埋在哪里。大多数果实都在远离母树的某一处土壤下面，因为直接埋在树下要花费一些时间，这样做是最危险的。直接在树下就咬开大圆球，让里面的种子露出来已经足够冒险了，因为美洲虎特别喜欢埋伏在这些地方等候猎物。

如此看来美洲虎是巴西栗树的朋友，刺豚鼠只是工具，

负责打开和传播这种格外坚硬的果实。各方面都能从这段共生关系中获益。但是有一个问题还没回答：为什么这种树要将种子包裹得如此严实。在我们这边的森林里，橡子和山毛榉果实被大量动物密集食用，不过仍然能够有足够多存留下来的种子会长成小树。松鸦会把橡子叼到很远的地方，然后在没有橡树的区域“种下”新的橡树，因为它们会将橡子作为过冬的储备粮藏起来，而后有一部分就找不到了。野猪的鼻子嗅觉非常灵敏，它们能闻到松鸦藏起来的每一颗橡子并把它们挖出来吃掉。即便橡子、山毛榉果实，或者包裹得更好的欧洲榛子或者核桃，都需要依靠动物运输才能到达足够远离母树的地方，可是它们都不需要像巴西栗这样坚硬的外壳。从橡子到核桃都会吸引好几种不同的动物，从老鼠、松鼠到松鸦和乌鸦，可是巴西栗却只依靠刺豚鼠一种动物。

也许以前情况并非如此。在过去几百万年的时间里，巴西栗进化出坚硬的外壳，与此同时，南美洲作为一个岛屿逐渐远离了其他大陆，岛上演变成一个独一无二的动物世界。以前曾经有过巨型树懒，大到只能生活在地面上；还有长得像犰狳，但是重达数吨的雕齿兽，它的下颚非常有力，但却没有门牙和犬齿。我们对于这种生活在南美洲冰河时期以及前冰河时期的怪兽知之甚少，只能从发掘的化石上推测这种巨兽以何为生。因为新热带地区所有的巨型动物都是在最后一次冰川期内或临近结束时彻底灭绝的，那至少我们有理由猜测，这种味道好吃又能提供很多能量的巴西栗果实为什么需要这种保护性外壳。无论面对大型动物，还是小型动物如老鼠，这都是一种理想的保护方式，而体重有几千克，体形中等的刺豚鼠借助自己发达的啮齿力量可以将果实上那道开口嗑开让里面的种子掉出来。而巴西栗的数量很多，一时半会儿不可能全部吃完，被藏起来的这部分种子就蕴含着巴西栗树胜利的希望，而且这些种子被埋下去的地点彼此相距很远，背后的原因就是天敌带来的巨大压力。紧张兮兮的刺豚鼠和长得像炮弹一样的果实真是天生一对。也许它们过于适应对方，万一刺豚鼠灭绝了或者数量太少，那巴西栗树的繁育也就成了大问题。那时恐怕就得由人类来负责种树了。

巴西栗是一种特例吗？前面说到的橡子和山毛榉果实其实已经提示大家该将它如何分类了。在借助动物播撒种子方面，巴西栗树无疑是最为特殊的一个案例。很多树木都是借助风力播撒种子，或者借助水流把种子冲到别处。但是这世界上还有更加特别的果实，也许既不适合交给风，也不适合交给水。下一幅彩图是一个简化版的概况介绍，借助这张图大家就能更好地理解巴西栗了。

果实——为什么植物要给动物填饱肚子？

08

果实
——为什么植物要给动物填饱肚子？

自然界为什么会有果实？也许你会认为这是个愚蠢的问题，而很有可能给出一个轻率的回答：因为它们长在树上或者灌木丛里呗。至于我们或者其他动物爱不爱吃，那就纯粹是个人口味问题了。那为什么有一些果实有毒呢？这类果实数量还挺多。很明显是因为它们并不想被吃掉啊。那为什么还要结出来这些果实呢？为什么不像大部分植物那样只是结出种子就好了呀。如果我们想用某些根本不符合实际情况的论据来做出回答，这样一个“为什么”的反问就会让我们陷入尴尬局面。如果一只猩猩像图片中这样被各种果实包围着，它也会问“为什么”吗？大部分人都会觉得猩猩不会这么提问，只有人类才老问“为什么”。猩猩会把果实直接塞进嘴里，觉得哪个好吃就把它咽下去，就像小孩子们那样。可能有些时候猩猩也会吃到有毒的果子，因为那些果实从外面看根本无法识别哪些好吃而哪些有毒。爱提问的人类紧接着就会问：为什么会这样呢？

我们需要转换一下观察的视角：果实到底是什么？它们对结果的植物而言意味着什么？这个问题很好回答。果实里包含着植物用来进行繁殖的种子，说得更准确一些：可以结果的植物想要继续扩张自己的领地。对樱桃树而言，包裹在樱桃果肉里的那一枚硬核才是最关键的，而并非我们觉得好吃的那部分果肉。同样的道理也适用于苹果的籽、桃子的核，还有草莓上面那些特别细小的籽，我们在吃草莓的时候根本没有察觉就直接和果肉一起吞下去了。果实与种子有着本质上的区别，比如粮食种子。农作物的种子包含了萌芽所需的储备，可以让这一粒种子成长，长出小小的根。就连个头很大的椰子在这方面也更符合粮食种子的特征，而非果实，因为椰子也要为幼苗提供养分，让它适应热带沙滩上盐分很高的生长环境，根系要克服过高的盐分含量，让这棵幼苗长到1米高。椰奶和椰肉的存在并不是为了给人和动物食用。恰恰相反，樱桃核完全可以舍弃包裹着它的果肉和最外面一层颜色十分醒目的果皮。吃过野樱桃的人都知道，它们的果肉要少得多，而且野樱桃味道很苦，不像甜樱桃那么好吃。那些莓果也是这种情况。野外生长的黑莓长得非常繁茂，扩张速度也明显高于我们爱吃的覆盆子。另外我们也知道，或者说我们应该知道，闪着黑蓝色亮光的饱满的浆果毒性很强，但是有些鸟类十分喜欢，所以它的德语名字叫“鸟的莓果”，可是我们人类不能吃它。还有瑞香红色的果实也有很强的毒性。

我们这儿森林里或者花园走道上的果实以及莓果种类就已经让人眼花缭乱了，所以一定要记住一条规则：拿不准的话千万别吃！苏门答腊岛或者婆罗洲热带雨林里的猩猩如果知道这条规则的话一定也会陷入苦思冥想。它们身边有无数看起来非常诱人的果实，但是其中绝大多数都不能吃，这些类人猿和人类一样必须远离它们。我们猜测，猩猩应该是积累了很多经验，它们从小就跟着母亲学习了相关知识，能够区分哪些果实好吃，哪些有毒或者吃了不好消化，而且猩猩还能判断出果实的成熟度。因为大家都知道，哪怕一个苹果本身是很好的品种，可是当它还是绿色的时候，吃下去也会引发强烈的腹痛和腹泻。图片中画的这只猩猩代表着喜欢吃果实的类人猿、猴子和其他各种哺乳动物，涵盖范围从老鼠、刺猬到大象。在鸟类世界里，鸫类尤其爱吃莓果，甚至是酒精含量很高的那些莓果也照吃不误。高度专业化的果实食用者还包括中美洲和南美洲的巨嘴鸟，非洲的蕉鹃，热带地区随处可见的果鸠，另外还要加上那些擅长飞行的，长得像蝙蝠的哺乳动物——以果实为生的狐蝠。在大量主要以果实为生的动物中，我们一开始提出的那个问题显得尤其尖锐：为什么那些树木、灌木，有些矮灌木或者伏地生长的植物（如草莓）要结出果实？说到底就是给动物喂食嘛。如果没有那些甜甜的，富含糖分和脂肪的果肉，它们的种子就无人理会了。如果那样的话，植物种类可能很快就会彻底灭绝——因为我们前面解释了那么多，简而言之就是一句话：果实是种子外面诱人的包装，以此来诱惑动物食用从而实现更广泛的传播。植物这项附加技能也许非常小，就像本来体形就很“迷你”的雪花莲结出的微小果实上还有个小垂饰。蚂蚁非常喜欢雪花莲的蒴果，它们会收集种子，有时候在回家的路上就忍不住吃了起来，没吃完的就随地扔掉，或者把种子搬回蚁巢，让其他的同类也能尽情享用。那些剩下来的果实里还包裹着种子，往往会被当作废料处理掉，雪花莲就是这样在扩大自己的种群数，而且还能到达新的、之前尚未涉足的区域。

为什么那些树木、灌木，有些矮灌木或者伏地生长的植物（如草莓）要结出果实？说到底就是给动物喂食嘛。如果没有那些甜甜的，富含糖分和脂肪的果肉，它们的种子就无人理会了。如果那样的话，植物种类可能很快就会彻底灭绝。

蚂蚁很小，它们的行为不太容易直接进行观察。如果在盛夏季节去森林里散步，特别是在7月，你就会留意到鼬留下来的排泄物，在里面能看到一些果核，是樱桃核。鼬会在樱桃树下捡拾落在地上半熟的和有虫子的樱桃，其中也有甜樱桃，它们吃下去，经过一段时间的消化后又会在走路的过程中排泄出来。某些夏天，在鼬的粪便中还经常出现野生稠李的核，它们比樱桃核要小得多。如果这些鼬没有沿着人工铺设的森林小路和小径行走（并排泄），而是在森林里到处乱走，那这些樱桃核就会在不经意间被“种植下去”。感谢由鼬的粪便共同组成的有利环境，很多樱桃核都能顺利发芽，其中一部分还能长成一棵棵小树苗，有些能继续长大，在与其他树木和茂密灌木的竞争中脱颖而出。猩猩生活的婆罗洲和苏门答腊热带雨林基本上还是原始状态。在其他地方的森林里，也有哺乳动物和鸟类喜欢吃植物果实，然后再把未经消化的果核排泄出来，情况也差不多。果实与果实食用者之间的这种共生关系范围最广泛，彼此之间差异巨大，同时也是最为重要的动植物共生关系。如果没有这些共生关系就没有苹果和香蕉，因为如果没有相对应的食用者，自然界就不会出现这些果实。果实对动物而言是一项赠予，是在和动物的互动关系中演化出来的。就连有毒果实的产生也很容易解释。因为果肉限定供应给专门的食用者，它们最适合将莓果和果实里包裹的种子传播出去。对这部分食用者而言果实是无毒的，或者仅会导致轻微腹泻。很多鸟专门寻找红色到蓝黑色的莓果。画眉鸟、太平鸟以及其他几种鸟之所以能够吃下高毒性的莓果而丝毫没事儿，是因为它们的消化过程是“快速腹泻机制”。它们的肠胃能从有毒的莓果中吸收易于消化的、无害的糖分，其余大部分果肉就迅速排泄出去。太平鸟甚至能从槲寄生果实那种黏稠糊状的果肉中摄取到一点儿糖分。隆冬时节当大批北欧太平鸟飞过来时，这种现象大约每10年出现一次，人们总能看到一群太平鸟飞离树梢的槲寄生，它们身后拖着长长的一条黏液线，里面就是槲寄生的种子。在太平鸟下一次落在树上的时候，这些种子就会跟着落在树干上，如果足够幸运能落在一个比较合适的地方，而且也是一棵合适的树种，那么它们就会发芽并长成一簇新的槲寄生。作为半寄生植物，槲寄生在传播后代时对鸟类的依赖程度很高。

大部分的莓果根本没有消化，就在鸟类飞行途中、休息或睡觉时被排泄出来，和鸟屎一起落地，也许恰好落在一个合适的地点。而且正如上面所说，从鸟类的肠子里走这么一圈还有助于种子发芽。鸟类或者哺乳动物的排泄物还能给种子提供额外的营养成分。先被动物吃掉，对果实而言有双重好处：运送到远离母体的地方，给种子带来更好的萌芽条件。有些种子甚至必须先经过动物的消化道之后才能发芽。人类却无法为种子带来任何好处，即便是在最好的土壤里，在最合适的温度和湿度条件下，如果缺少了肠胃的加工，因为诱发萌芽的刺激没有到位，种子就会处在休眠等待状态，最终枯死。

这种动物果实之间的关系还有另外一个很重要的后果，它会影响果肉里那些无毒的部分，影响到果肉的总量和它的构成。它会让“甜水果”最大的优势，即所含的糖分更高，而且还不仅于此，糖的另外选项是油和脂肪，果实的这项优势也被我们广泛应用，比如从橄榄饱满的果肉中得到橄榄油，或者牛油果的脂肪。与糖相比，油和脂肪是更为高效的能量来源，它们能释放出每克重量最高的热值。另外，含油和脂肪的果实比含糖的果实更耐放。糖分高的果实很快就会腐烂，不耐大雨冲刷，因为果皮外面流下的雨水形成了一层很薄的水层，含水的果肉不断与之发生反应。用物理学的概念来表述就是外界的潮湿改变了内（浓缩液）外（几乎全是水）之间的渗透压。如果渗透压过大，果实就会裂开，而且糖分越高越容易裂。

如果食用者能很好地识别出果实的成熟度，还是很有帮助的。基本上只要记住两种形式的迹象就足够了：外表和香味，也就是视觉信号和嗅觉信号。如果苹果闻起来熟了，那就八九不离十，哪怕有些品种即使熟透了还是绿色。香味主要是为了吸引哺乳动物，颜色用来吸引鸟类。因为吃果实的大多数鸟类，甚至可以说所有的鸟，都跟人类一样，眼睛能够区分红色和绿色。红色对它们而言就意味着“熟了”，绿色相反，代表“不熟”，蓝黑色也可以通过反射紫外线达到这一效果。有关识别颜色的能力，我们和鸟类相似，可是我们的消化系统跟鸟类完全不同，所以我们看到红色或者黑色的莓果以及果实就要格外小心。它们也许是含有致命毒素的；再或者是味道香甜，颜色并不能向我们发出确切的信号。而遇到莓果只是闻闻味道也是不够的，因为有大量的莓果是会被鸟类吃掉的。它们不会依靠嗅觉，而且大量的鸟类嗅觉发育得并不好，比人类还要弱。

为什么莓果和果实如此危险，可我们却很想去吃它们？我们现在应该仔细研究一下这类问题。首先要再次强调一点，就是无论是人类，还是跟我们亲缘关系最近的猩猩，还有其他的类人猿以及（可能大部分）猴子都有“区分颜色”的视觉能力。跟我们亲缘关系很近的灵长目动物在很遥远的过去就能区分红色和绿色，借此辨别果实是否成熟，这是一项重要的能力，而且直到今天我们仍然依赖这种能力。从小大人就教育我们一定要小心。另外还有众所周知的我们人类对甜食的渴望。但是在大自然中除了蜂蜜之外，甜的东西就只有果实了，而且从野蜂那里偷蜂蜜可不是一件容易的事（参见“响蜜䴕”一章的插图）。

如果观察一下那些以莓果和果实为食的鸟类从中获得了什么，我们就会理解为什么甜的东西诱惑力这么大。糖构成了飞翔的能量基础，尤其是对鸟的迁徙而言。鸟儿们从食物中获得的糖分会转化为体内的脂肪，这一项储备让它们能够长途飞行，跨越海洋和沙漠，日夜兼程。糖被储存为长期保持体能的能量来源。如果在这个过程中（只用）蛋白质来进行新陈代谢（“燃烧”），那么体内会产生太多加重身体负担的废料。与之相反，糖和脂肪燃烧过程中不会产生残留物，而是变成水和（可以呼出体外的）二氧化碳，这是糖分和脂肪在能量新陈代谢中最大的优点。糖和脂肪还能改善体能，尤其是对我们人类来说。

我们人类天生就善于奔跑，而且是长跑。我们的身体构造就是最好的证明，这也正是我们与近亲类人猿之间的差别所在。我们是游牧民族。在生物发展史上，人类存在之后将大部分时间都用来到处游荡，在路上完成狩猎和采集，走到哪里算哪里。我们的祖先直到大约1万年前才开始定居生活。人作为一个种是从20万年前开始出现的，作为一个属开始于200万年前。身体内部机能的运转、新陈代谢，都是以四处游走为目标而设定的，而不是一直坐着。游牧生活不断地消耗身体能量，更接近于鸟类而并非生物学意义上最近的（懒惰的）亲戚！因此我们特别喜欢甜食（和脂肪）。人类开始在每天日常生活中吃下太多

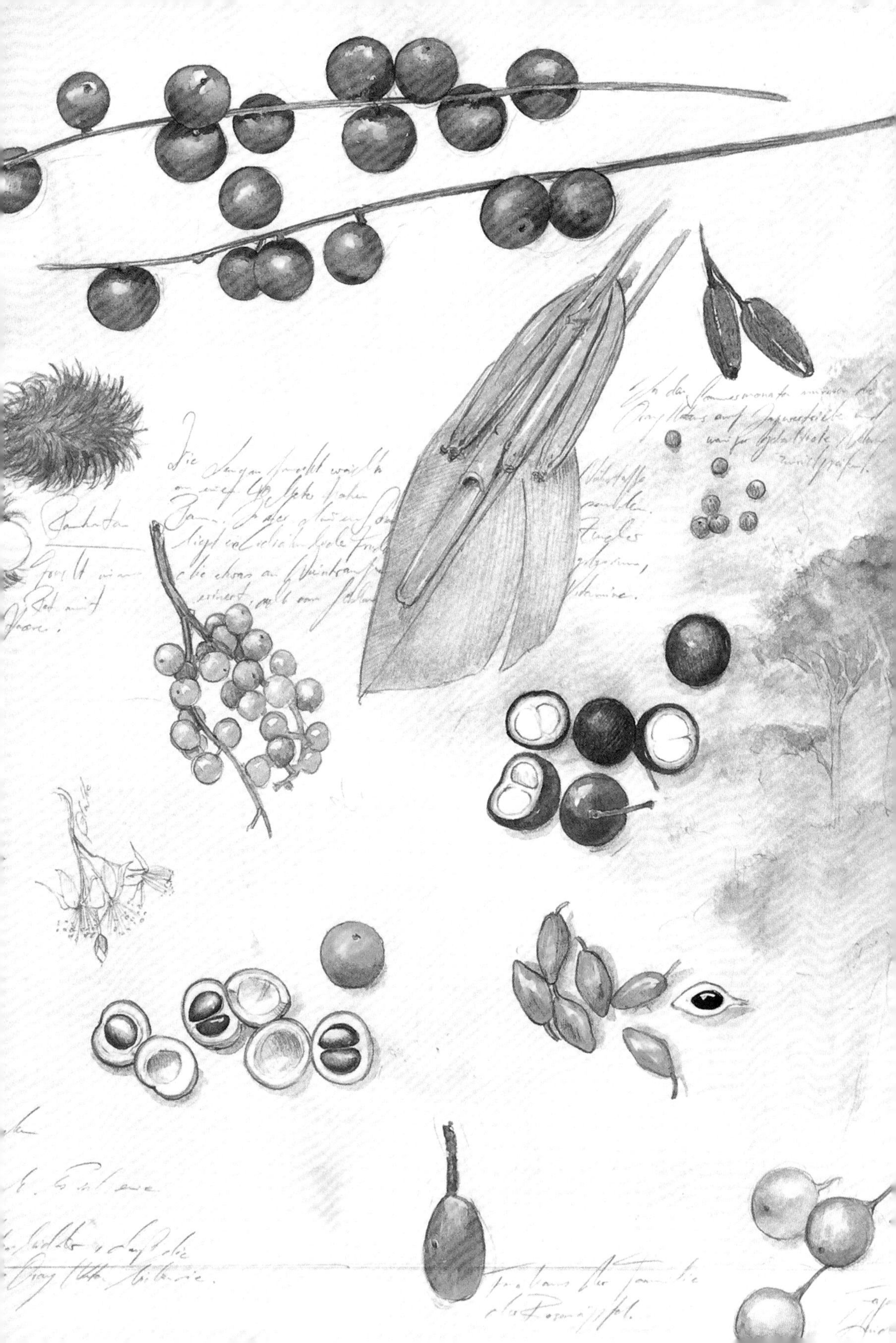

含糖的食物，远远超过应该理智控制的量。在将近200年之前我们开始有了充足的糖，从此以后我们对糖的渴望变成了一个很大的健康威胁。不只是人类，还有某些动物，无论是人类饲养的宠物还是自然界爱吃甜食的动物都深受其害。动物园里的猩猩如果不强迫它们不停地运动，很快就会长出太多脂肪。在自然界里成熟的果实总是不够吃，即便有时在很短的时间内可能会有大量的水果成熟。在东南亚的原始森林里，猩猩不得不从一棵树晃到另外一棵树，这样攀爬很远的距离，才能吃到熟透的果实，在此过程中它们也顺带成为种子的传播者。在这方面只有少数一些鸟类能做得更好。

灵长类动物在世界各地的热带雨林里都是以这种方式获得植物的果实。不过无论如何，长期看来最重要的都是优化，或者其中也有一些是食用者的错觉。有一种非洲树木的果实叫忘忧果，含有一种非常甜的物质被称作“巴西甜蛋白”。这是一种蛋白质，而非糖分，让人感觉很甜但只是幻觉。灵长类动物非常需要果实里的糖作为能源，而不是这种大量存在但是不能转化为能量的甜味素，这种树很容易就能分泌出这种物质，但是对果实食用者其实没有用。猴子很难被骗，因为它们会迅速跑去寻找别的食物源头，不会待在一棵果树下面很久，所以这种伪装对它们无效。体形巨大的大猩猩可就不一样了。一般情况下它们会把一棵树上结的果子都吃完，甚至为了摘到树梢上的果子，还会用很大力气把树枝掰断。它们对忘忧果却不会这样做，是缘于基因突变，它们尝不出这种“假冒”的甜味，所以也对这种果子不感兴趣。靠这种果子大猩猩吃不饱，还会引起肚子疼以及消化的麻烦，即使消化了也没办法变成能量，因为这种甜味并非来自糖分。作为依赖糖分的体形最大的灵长类动物，大猩猩用这种方式来保护自己不会吃错东西。倭黑猩猩和人类都没有这种基因突变，我们的舌头会觉得这种果子非常甜。这种果树结果很少，倒弄得物以稀为贵了。我们人类想要更多，于是就开始种植和进行优化。我们的先祖们早就开始这样做了，他们培育了很多果树，结出来的水果和莓果比自然界的树结出来的果实味道更好，产量更大。

在栽培果树方面人类培育出在世界各地都能种植的品种，比如说香蕉，甚至在各大洲都有种植。这算一种完美的理想的共生关系吗？香蕉肯定不是。经过人类的改良，香蕉失去了结出种子的能力。现在它们的生长完全依赖人类，只有野生香蕉才可以在大自然中存活下去。但前提条件是这种香蕉的生存空间——新几内亚的热带雨林能够保留下来。

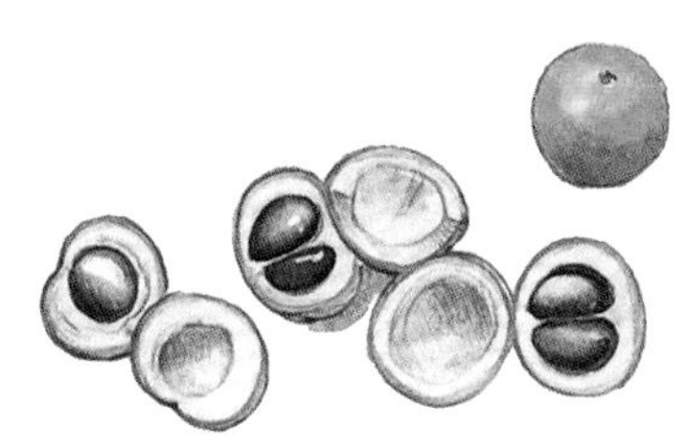

一种已经灭绝的鸟类——渡渡鸟

09

Dodo oder Dronte (Raphus cucullatus)
Mauritius
JOHANN BRANDSTETTER

一种已经灭绝的鸟类
——渡渡鸟

古代巨鸟愚鸠（*Raphus cucullatus*）是一种体形很大的石鸠。它们身长能达到1米，动作笨手笨脚的，因此也被叫作渡渡鸟（Dodo）。在奥地利这个鸟名的拼写（Dodel）略有差别，但还是很像，在英语国家和其他语言中也差不多都是这样的发音。它很有可能来源于葡萄牙语的“Doudo”一词，意思是傻瓜。渡渡鸟以前生活在毛里求斯，一开始还很常见。海员们将它们宰杀食用，还会作为航海途中的食物储备带上船，因为最重的鸟能有20千克肉。荷兰人在1598年第二次环绕非洲的东印度之旅途中发现了渡渡鸟。仅仅在几十年之后，也就是1660年，这种体形巨大又不会飞行的鸟就在岛上彻底绝迹了。从此以后它就象征着由于人类活动而彻底灭绝的动物。“死得和渡渡鸟一样”这句俚语的意思是无可挽回地毁灭了，不可重塑。这个表达方式可以用来形容这个岛上生活的很多个动物物种，人类突然之间来到了这个小岛，导致了它们的灭绝。可以说欧洲人在这些灭绝现象中承担主要责任，但是其他地方的人也不是无辜的。原籍波利尼西亚的毛利人于13世纪晚期到达新西兰之后造成了恐鸟的灭绝，它们与鸵鸟相似。300年之后，欧洲人征服了全世界，对动物、植物产生了深远的影响，尤其是对那些遥远的岛屿和大陆而言，还波及了人本身。我们不得不承认，人类在扩张过程中到处都留下了毁灭的足迹。欧洲人以及其他侵略性种族的行为方式完全违背大自然的规律。很多人类创造的文明是在千年万年的漫长时间里逐渐累积形成的，可突然之间就毁于入侵者之手。渡渡鸟和毛里求斯就是人类入侵海岛大自然造成负面影响的典型例子。

正如前面提到的，渡渡鸟是一种鸽子。跟它亲缘关系最近的动物是马斯克林群岛中的罗德里格斯岛上生活的罗岛渡渡鸟属，也已经绝迹。我们还不清楚留尼汪孤鸽到底是不是一个独立的种属，对此没有任何保留下来的证据，它们和渡渡鸟大约在同一个时期灭绝。存活到现在的是东南亚地区的绿蓑鸠，它跟两个已经灭绝的品种亲缘关系最近，不过这种鸽子体形要小得多，身长只有大概30厘米，因而它完全有飞行能力。渡渡鸟和罗岛渡渡鸟都因为体重太大，根本飞不起来。在毛里求斯岛、留尼汪岛和罗德里格斯岛上它们都不必飞行，因为完全可以靠步行生活。这就是被大家普遍接受的一种解释，其实不过是一种猜测而已。因为尽管绿蓑鸠也生活在小岛上，但它们却保留了飞行能力，它们分布的区域包括安达曼群岛、尼科巴群岛（绿蓑鸠的种名就是用这个群岛的名字命名的），还有东南亚的大量小岛上，甚至一直延伸到新几内亚和大西洋西南部的所罗门群岛。作为海岛上的鸽子，能飞行不是一个错误。即便是在毛里求斯群岛也有很多鸟类没有放弃飞行。不管怎么说，毛里求斯群岛之所以得名的两个主岛面积将近2000平方公里，上面还有800多米高的山。为什么恰恰是这种奇怪的鸽子改成了步行？从地球形成历史上来看，这些岛都相当年轻，它们是冰河时期火山喷发后从大海中耸立起来的。毛里求斯群岛中最古老的岛形成时，古人类正在非洲附近四处游荡并第一次到达了亚洲。渡渡鸟和罗岛渡渡鸟

我们不得不承认，人类在扩张过程中到处都留下了毁灭的足迹。欧洲人以及其他侵略性种族的行为方式完全违背大自然的规律。

的先祖鸽子不可能在更早的时期来到这里。最早的先祖肯定不是来自西边距离1800公里远的非洲，也不是更近一点的马达加斯加（距离是870公里），而是来自遥远的东南亚。也许它们的祖先是随漂流物横跨了印度洋，这些漂浮残片被信风和洋流推着朝西走。关于起源的问题之所以引人入胜是因为马达加斯加岛的原住民也不是来自非洲，而是来自东南亚。马达加斯加就在毛里求斯的西边，很奇怪马达加斯加原住民为什么没有发现毛里求斯并迁居过去，而马达加斯加岛上的鸽子也和这两种渡渡鸟毫无关系。这些鸟不可能是马达加斯加人的祖先乘船跨越印度洋时带过来的，因为在马达加斯加岛有人类居住之前，不会飞行的渡渡鸟早就已经存在了。渡渡鸟和罗岛渡渡鸟的祖先应该是在100多万年前就到达了马斯克林群岛并在这里进化为体形巨大的石鸠。

如果我们考虑到这一条时间线索，那么绿蓑鸠作为能飞的亲戚则经历了不一样的进化历程。东南亚的这些群岛呈现出现在这种规模的时间并不长，是从上一次冰期末期开始。大约1万年前，北方大陆上的巨大冰块大部分都在极短的时间内迅速消融，导致海平面上升了100米。此前，在武木冰期及维克塞尔冰期的结冰期，东南亚诸岛曾经有1万年都属于东南亚大陆，或者它们是和新几内亚岛以及澳大利亚连接在一起的。两个大陆之间仅有一条狭长的水道相隔，太平洋和印度洋借此连在一起。10万年前曾经有过一次比较严重的间冰期，跟我们目前的状况很像。这个间冰期发生在第三纪与第四纪冰期之间，而后者是最后一次大型冰期。当时的海平面也很高，对地球构造的影响也和今天差不多。之后在地球史上又曾出现过两次间冰期，将更新世的冰期隔开。更新世包括4个大的冰期加上中间的间冰期，更新世最后的250万年间东南亚群岛出现或者消失，至于到底是什么情况取决于海平面高还是低。这个地区现在岛屿中的大多数本来是属于亚洲和大洋洲的，它们的状况和那种因为地底下的火山爆发形成的海岛完全不同。这些海岛完全摆脱了冰川时期海平面上涨或下降的影响，一直都存在，毛里求斯及其周边岛屿就属于此列，即被称为“马斯克林群岛”的那一片；还有地球另一边的加拉帕戈斯群岛，有一部分和毛里求斯群岛差不多老，还有一部分甚至出现得更早。至于某些岛屿是大陆性的还是海洋性的，对岛屿上生活的动植物都会产生极为深刻的影响。

加拉帕戈斯群岛几乎未被人类改变，在过去几十年里，绝大部分时间都是国家公园，因为保护得好而处于很自然的状态，在这里我们能够看出：几百万年与外界隔绝对海岛上的动植物都产生了哪些影响。全身布满尖刺的仙人掌不知道何时漂流到了加拉帕戈斯群岛，在这里长得像真正的大树一样高，而无论是中美洲还是南美洲都没有类似的树形仙人掌，这种树形仙人掌是来到加拉帕戈斯群岛后自己进化的结果。无论当初是为了谁或者为了防御谁，反正在这一片群岛上随处可见这种树形仙人掌。那里的巨型海龟和陆鬣蜥都在寻找仙人掌那巨大的明黄色花朵和带着籽的果实，就是我们口中的仙人掌果，在欧洲我们也见到过这种果实。它的树干上长着木板一样的嫩枝，将花朵举得高高的，之所以如此远离地面就是避免被动物吃掉。还有一种达尔文雀也对花朵很着迷，所以这种树形仙人掌完全不缺授粉者。

关于加拉帕戈斯群岛的描述就到此为止，因为我们对渡渡鸟那时的生活环境知之甚少。不过关于为什么渡渡鸟在如此短的时间内灭绝，毫无疑问是与它们不会飞行有关。这种和天鹅一般大的鸽子肯定和天鹅到了陆地上遇到的困难差不多。但是天鹅毕竟是以游泳为主，很少上陆。一只体重为15千克到20千克的疣鼻天鹅必须在水面上助跑很长一段距离才能开始飞行，而在陆地上肯定做不到，因为它们体重太大。和它们体形相似的鸨科，比如南非大鸨在大草原或草甸上起飞需要更长的助跑距离，还要先找一块无障碍的开阔地带。在森林里或者是有茂密植被的平地上这么重的鸟无法起飞。另外，鸽子的爪子构造非常简单。我们都很熟悉鸽子的步态，它们走路时头部会奇怪地前后晃动，和其他的鸟类都不一样。我们可以简单得出这样一个结论：渡渡鸟体重过大飞不起来。它本应该好好控制一下自己的体重，比如新几内亚的冠鸠（目前世界上体形最大的石鸠），身长将近70厘米，体重只有3千克。它们也生活在茂密的热带雨林里，但是仍然保持了飞行能力，尽管它们在新几内亚基本不会在地面上遇到危险的敌人。虽然经常听到因为地面上缺少敌人导致海岛鸟类失去飞行能力这个论据，但是在可比较的种群里并没有找到充足的证据。

维多利亚冠鸠是最常见的一种，我们在动物园以及百鸟园里看到的经常是它，作为冠鸠类鸟的代表，它们靠在森林地面上捡食果实和种子为食，这是鸽子们典型的做法。一般情况下果实都含有很多糖分或脂肪，而种子很坚硬，包裹着一层保护壳。这两种类型的食物都不太适合鸟巢里的幼鸟，它们成长最需要蛋白质，并不太需要脂肪和糖分，因为它们生活在热带，身体的新陈代谢不需要“加热”来御寒。作为鸟类的一员，鸽子用鸟类世界中独一无二的方式解决了抚育后代中蛋白质的问题。无论是雌鸽子还是雄鸽子都能分泌乳汁，被称为嗉囊乳，其成分与哺乳动物分泌的乳汁很相似，只是不含糖。它们就用这种嗉囊乳来喂养后代，这样无论成年鸽子吃了什么食物，总之小鸽子都有的吃。大鸽子只要身体条件够好，就能够分泌出足够多的这种含蛋白质的乳汁，而且鸽子一窝最多只能孵出两只幼鸽。无论果实还是坚硬的干果，反正只要成年鸽子喜欢吃，就能满足幼鸽的需要，因为它们不用把果实直接喂给小鸽子。

了解完鸽子的生物学特性，知道了地球历史上冰川时期海平面上涨和下降的背景知识，我们也就大概明白了这种不会飞的、胖胖的、懒惰的渡渡鸟的祖先是如何出现的。我们仅需再找到拼图里的两小块碎片，就能真正看懂这幅画。第一个与气候有关。马斯克林群岛位于南回归线上的副热带地区，气候主要分为东南信风带来的雨季和几个月的旱季（6月到10月，差不多半年时间）。每年这些岛屿都会遭遇无数次热带风暴，平均每年12次。而气候对于植物开花结果的影响有明显的季节性。因为岛屿是由火山喷发而成，全年温暖多雨，植物繁茂。对于食草动物而言，比如石鸠，能享受到丰盛食物的季节与匮乏季节交替出现，因此体重越大，扛过匮乏期的可能性就越大，这是一条基本原则，生活在海岛上的生物都有这个特点，也正因如此才会出现“岛屿巨型化”的趋势。在这种只有雨季和旱季交替的自然条件下，很多动物种类通过增大体形来获得更大的生存机会，就是依靠身体存储了更多的能量来度过食物匮乏期。而在气候状况稳定的湿润热带地区则会出现完全相反的状况，在这样的海岛上更常见的现象是“矮小化”。体形较小的个体需要的食物量和其他资源也都更少，可以通过较大的种群数量得以存活下来。因为物种灭绝或多或少是一种偶然事件，较大的总体数量可以起到一定的保护作用。渡渡鸟有很大的可能性是属于岛屿巨型化现象。但是出现这种现象必须有一个先决条件，那就是食物充足，这就是我们要找的最后那一块拼图。

最后这一块拼图就是一棵树——大颅榄树，毛里求斯群岛独有的树种。20世纪70年代的一次全面调查显示，这种树仅剩13棵，每棵树的树龄都超过了300年。它的果实很大，长着一个粗粗的脖子，经过各种深入的尝试，它的种子就是不发芽。科研人员把它喂给吐绶鸡，在它们的胃里打磨一下，来模拟这些种子与胃里粗糙的小石块一起研磨的效果。实验结果接近人们的设想，但是至今没有确切的证据能证明由渡渡鸟吞下这些种子后才能让它们萌芽。渡渡鸟有一个巨大而结构奇怪的喙部，恰好可以用来嗑开种子。可惜我们现在对渡渡鸟的食物了解甚少。“莓果、果实和种子”，只是我们在描述鸽子食物时最常用的一个组合而已。唯一确定的一点就是这种巨型鸽子需要很多果实作为食物，不论它是天生体形就这么肥胖和奇怪，还是在临近食物丰盛季节结束之前才把自己吃得这么胖。毛里求斯人移居此地之后开垦沿海地区的森林用于建造房屋和船只，致使渡渡鸟的食物总量减少，导致它们的身体缺乏养育后代所需的能量。也许它们和大颅榄树及其果实形成了某种共生关系。对于这一点我们并不肯定。毫无疑问的一点是，如果其中一个伙伴持续性地或是永久消失，肯定也会导致另外一方的消亡。也许大颅榄树很快也会“死得和渡渡鸟一样”。

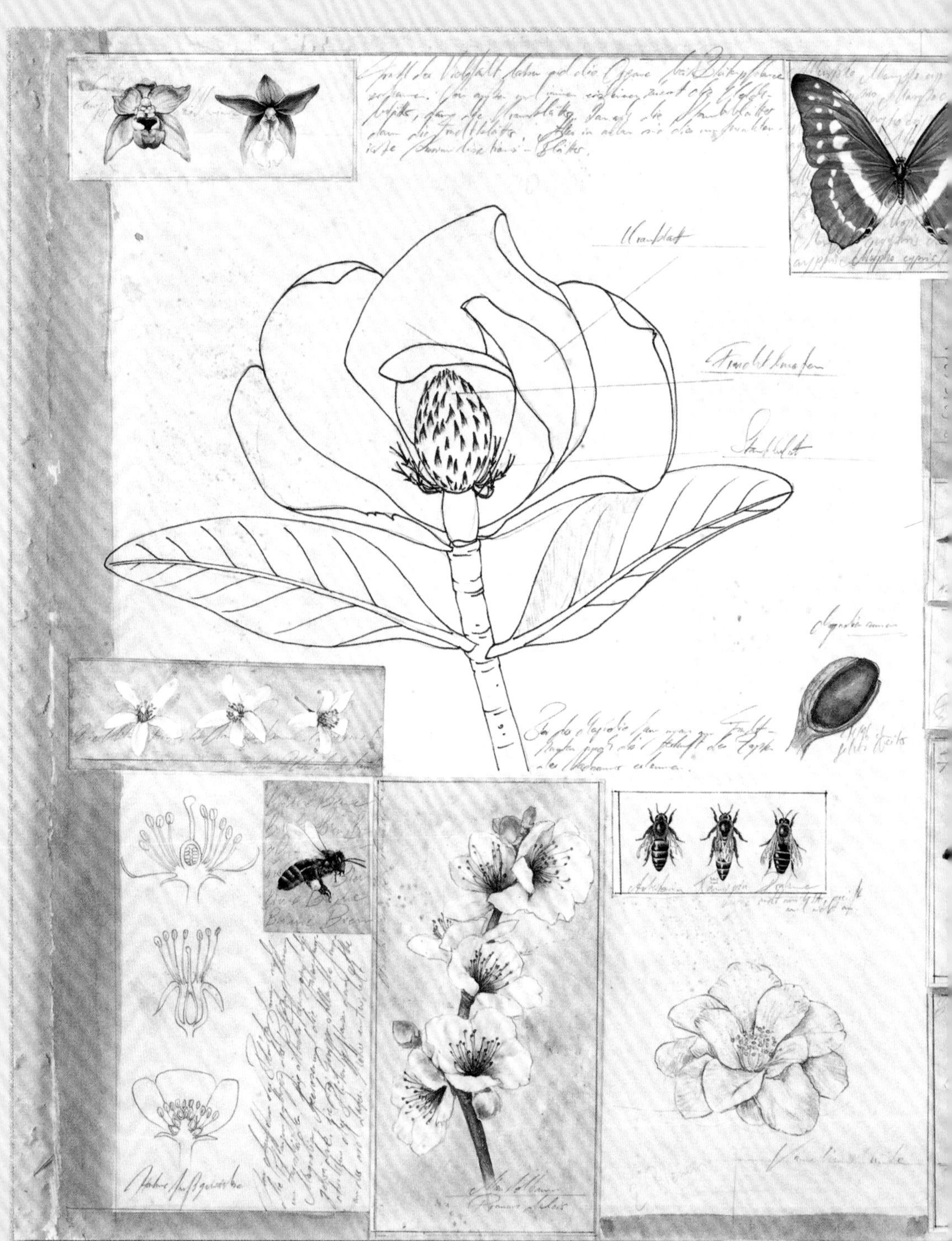

花朵与昆虫

10

花朵与昆虫

大约1.5亿年前，恐龙生活的时代，植物界发生了一大变化，给大自然带来了缤纷的色彩并且彻底改变了它，此时始祖鸟刚刚尝试第一次飞行。在科学界被称为“冈瓦纳古陆”的巨大的南部大陆开始四分五裂，形成了南美洲、非洲、印度、澳大利亚以及南极周围地区。由于这次分裂，哪块大陆的海岸线越长，其内陆的雨水也就越丰沛。如同今天一样，降水对植物生长极为有利，不过那时的植物和现在长得完全不一样。当时的植物还没有发展出花朵以及里面包含的种子。胚珠完全裸露在外，就像现在的针叶树，例如云杉、松树和冷杉。这种形成种子的基本类别被称为“裸子植物”。与此相反的“被子植物”正在慢慢形成。沼泽和浅水池里的植物开始改变花朵构造，使得一种封闭的、受到更好保护的种子形式成为可能。从叶片变成翻卷的花瓣。最新的研究成果是这样说的：包裹着种子的子房有了防水功能，外面有一层硬壳——种皮，或者是一种柔软而“多汁的”果肉。

这种形式一开始并不明显，后来逐渐从沼泽地带慢慢扩散到干燥一些的陆地上。那里的雄性植物释放出花粉，风将花粉吹走，如果足够幸运的话，花粉粒会落到雌性植物尚未受精的柱头上，这种方式就叫作风媒传粉，不只是在中生代那样古老的时期就已经出现的针叶树，还包括“更现代一些”的树种，比如橡树、榛子树、赤杨以及各种草，都还在采用这种授粉方式。如果小麦或者其他相近的粮食品种正在开花，而恰逢这段时间是完全没有风的天气，就会导致几乎颗粒无收。如果在足够干燥的天气里有风吹过原野，麦田荡漾起麦浪，那就预示着好收成。如果因为有了充足的水、矿物质和温度，植被生长特别繁茂，因此风吹不透植被，风媒传粉的效果也会降低。在种植很密集的云杉树林中，我们可以观察到这一现象。这些树到最后往往只在树顶结出球果，因为只有树梢可以随风摆动。在茂密的森林中，例如热带雨林里，也会因为缺少风而导致无法开花。

1.5亿年前，新的花朵形成方式开辟了一条新的出路，一开始只是为了能更好地保护种子。我用玉兰树的开花方式做例子，你们就容易理解了，它属于现存开花植物中最为古老的品种。玉兰树会开出巨大的花朵，有些花瓣是浅粉色，有些是白色，它们将结构简单的柱头包裹起来。这种树的特点是在叶片形状的花瓣上还没有形成叶绿素，因此它们能保持白色，或者因为有其他色素的沉积而呈现出浅粉色至深粉色，一些人工种植的品种甚至是深红色。这些花朵挺立在围绕它们的绿叶之上。这种对比色是在发送一个信号。因为那些对柔软的柱头，尤其是花粉中所含蛋白质感兴趣的昆虫，很容易就能从很远的地方看到这些花朵，它们可以有目标地寻找并朝着花朵飞过来。这有可能会带来负面影响，甚至是危险。因为长着所谓口器的瓢虫和其他昆虫会吃下花粉，我们称呼这种口器为“咀嚼式”，以此来区别其他“舔舐—吸食式”口器和“刺入式”口器。这样一来就减少了能飘到其他花朵柱头上的花粉数量，从而对授粉和结果造成负面影响。但是这些昆虫并不会把花粉全部吃完，而是会留下一些，而它们有目标地寻找下一朵同类植物的花，再到那里去吃花粉，这个过程在客观上有利于授粉和结果。只要有很少的几颗花粉粒能够到达雌性柱头，授粉就算成功了，所以整体看来，这种方式利弊大体相当。但是不见得风每次都能将花粉吹到同一种花上，这个概率越低，情况就越发对“花粉小偷”有利。因为无论如何植物都会制造出大量的花粉，如果是风媒传粉，那花粉数量还得更多才行。当昆虫来的时候，没被吹走的那部分花粉当然是允许它们吃的，这对植物没有坏处；如果昆虫的目标不是花粉，而是含有糖分的分泌物，也就是花蜜，那情况就对双方都更有利。

花蜜基本上都是在花瓣底部分泌出来的。这个位置总之也是昆虫们的首选食用部分，因为植物组织柔软，几乎或完全不含抗体。植物分泌花蜜的目的就是为了阻止昆虫吃花瓣。通过让昆虫有别的东西可吃分散注意力，从而保住对植物而言最为关键的部分，因为这里会形成种子，为了繁育后代必须严加保护。

花粉和花蜜构成了有吸引力的组合，对于传播花粉和保护花朵而言二者同样有效。昆虫也对此做出了反应：第一批花朵刚刚完整地长出来，它们就会专门来吃这些新的食物，反过来又会促进花朵改变自己的形状，或者植物长出花朵的位置尽量让昆虫够不着。花朵和昆虫一直都在相互适应。我们可以将其称为一个超级共生关系，因为它是由很多单个的共生关系构成的，所有的共生关系都各自运转，它们展现了生物界最大的多样性，昆虫的种类是如此繁多且数量庞大，仅在开花植物上就生活着几十万种。涉及无数的种类，它们都属于“花卉与昆虫”这个体系。花朵奉上花粉就像是装在盘子里供昆虫享用美味，花瓣彻底张开，形成了一个盘子，中间耸立着柱头，四周环绕着或多

自从出现了这种共生关系，在随后的1亿年时间里，很大一批植物和昆虫都在互动关系中不断进行自我改造。

或少的花药，里面就是花粉。这种敞开式的花朵类型被称为“高脚碟形花冠”。另外还有复杂得多的花朵构造，只允许某些特定的昆虫钻入，而且花朵内部空间狭窄，那些赶来的昆虫体形大小必须与其相符，并且还得掌握钻入的技巧，例如想要钻入唇形花的野蜂。还有很多花卉品种，例如倒挂金钟，昆虫想要在花朵上着陆并向上爬进花朵都是不小的挑战。或者是豆科植物的蝶形花冠，很多龙胆科的长喇叭筒花朵以及兰花花朵，就连花的中轴都是扭转的，多层次的“花唇”朝下，其实是限定供应给花朵格外期待的某些昆虫。彩图上展示的只是几个例子，完全无法涵盖花朵形状的千万种变化。我还是继续讲一讲兰花，因为它的花朵层次格外多。即便是亲缘关系很相近的两种兰花，花朵结构也有很大差别，例如手参（红门兰属及其相近品种）和同样属于兰花的火烧兰（彩图中的是火烧兰和虾脊兰）和眉兰的小花朵，它的花形以及散发出的味道都模仿雌性昆虫，以此诱惑雄性前来。雄性昆虫被激发出交配的欲望和尝试，对于花粉的传播十分有效。很多蝶类，例如闪着美丽光芒的南美洲闪蝶却只会抢夺花蜜，而并不会成为成功的授粉者，它们那卷起的小心试探的口器上很少能沾上花粉，它再将花粉传播到雌性柱头的概率就更微乎其微了。与蝶类轻柔的动作相反，花金龟属于花朵拜访者中相当鲁莽的一个，

甚至还会造成破坏性后果。

每一个例子都证明花朵的基本形态符合生物学。在漫长的进化过程中，花朵和昆虫都为对方做出了改变。具体表现就是花朵的形状和大小，以及它们挑选适当的授粉者的方式。好的授粉者身上必须有绒毛，可以沾住花粉。花朵选择一天中的哪个时段开放也是与对应的昆虫活动时间相匹配的。因为这样的系统是可以引发对方反应，从而让双方彼此适应的。不过植物一开始总是发展出一些新花样想去骗过昆虫的注意力，这也是一种普遍的趋势。

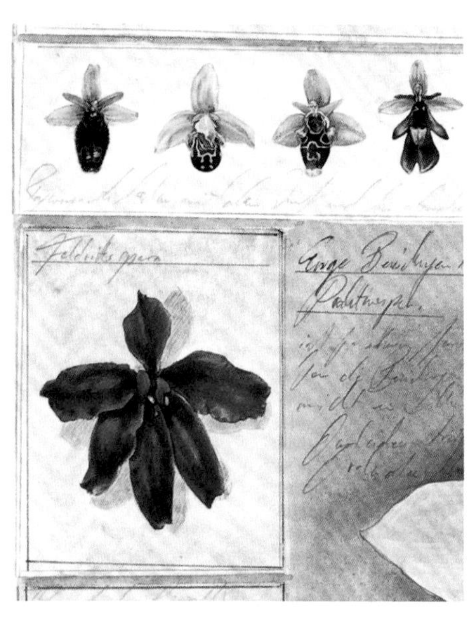

除了本来就有的花粉之外，植物还会开发一些别的吸引手段。前面已经提到过花蜜，植物用这种分泌物阻止昆虫咬噬花朵最重要的部分。制造花蜜不会让植物太费劲儿，因为糖分本身就是光合作用的产物，而构成蛋白质的氨基酸在花蜜中含量极少。对于植物而言，蛋白质非常重要，因为产生蛋白质比糖分要困难得多。如果花粉被吃掉的话，植物就不能再损失更多的蛋白质了。昆虫在拜访花朵时如果能很精确地被引向花蜜，那花粉的损失就会比较小。花朵会使用两种手段：用花香远距离吸引昆虫，不过昆虫也得足够靠近才能闻到。而花朵色彩的视觉效果则传得更远。花香是在释放一种信号：那就是花朵已经盛放，“成熟”而且还没凋谢。一旦到达这个状态，花朵就需要不受打扰地长出种子并让果实慢慢成熟。第二种手段是近距离发挥作用的，叫作蜜源标记，能够引导昆虫寻找花朵中“正确的位置”。它们是花朵上一些很细微的结构，可以反射紫外线。昆虫能够看到这种反光并且去寻找。花朵颜色大多数时候发挥的是一般性的吸引作用。在所有昆虫的眼中黄色最有吸引力，因此所有的花朵最好都是黄色或者白色，它们在白天能够反射紫外线，而且白色的花朵在夜晚也能被昆虫看到。不过大家都知道，花朵其实是五彩缤纷的，什么颜色都有，也包括红色和饱和度很高的蓝色。这背后有另外一个跟物理学相关的原因。尤其是红色和蓝色，它们能够提高花朵的温度。这种效果来源于花瓣细胞里存储的色素，它们能够让一部分太阳光转化为热辐射，从而让花朵变热，热度有利于种子的形成。昆虫喜爱蓝色和红色的花朵，尤其是漏斗形花朵，再加上色彩产生的热度也会间接吸引一些昆虫，它们需要一点儿驱动温度，好让自己能够飞翔（去寻找别的花朵）。

我们在花朵上发现的特点并不全是针对昆虫进化而来的，有些是针对其他的授粉者比如体形很小的鸟儿。美洲的蜂鸟、非洲的太阳鸟、热带地区的其他小鸟，还有蝙蝠和能攀爬的小型哺乳动物都是很重要的花朵拜访者。颜色象征着花朵的状态。昆虫看到的色彩与小鸟以及哺乳动物眼中的不一样，那是一种在紫外线区域内有所改变的色彩。花朵可以引发光线变成热度，这一特点对花朵有利。昆虫和花朵之间的相互作用是一种被动的作用。当我们认真研究构造复杂得令人难以置信的花朵，发现这些调整都是为了相应的昆虫，这时我们可能会以为这个系统是为达到某个目的而产生的，但是事实并非如此。某些改变的前提条件是双方伙伴都认为这是必要的，而且到处都能看到欺骗和伪装的手段。比如中欧的红门兰（这是一个很少见的品种），特定种类昆虫中的雄性会和这种花交尾，它们误以为这是雌性昆虫，在这个过程中花粉块就沾到了昆虫的身体上，花朵无须再为昆虫提供其他的酬劳。而这些雄性昆虫会飞快地找到下一朵花继续交尾，从而完成花粉的传递。还有很多类似的花朵采取的伪装行为，这表明双方在这段共生关系中都首先考虑自己的利益。有些昆虫也会做出对花朵毫无益处的行为，比如它们会偷窃花粉而不完成授粉。如果花蜜存储在一个很长的花管的底部，只有长着很长口器的野蜂才能够得到花蜜，而有些蜜蜂和野蜂不愿意花费那么大的力气爬进花管，它们就会直接咬断花管去吮吸花蜜。连蜂鸟也会十分巧妙地偷食花蜜。它们像手持长矛的骑士，用前伸的尖嘴投射进闭合的花朵，正好把分泌花蜜的地方钻透，它们喜欢一种木槿属的悬铃花红色的花朵。为什么蜂鸟更喜欢用这种有距离的方式，而不走植物为它们“预先设定的道路”，我们接下来会详细讲解。

市面上有很多关于花朵和昆虫的书籍，里面有讲不完的故事，因为有如此多不同种类的植物和动物参与其中，花朵和昆虫之间有很多种共生关系。迄今为止的研究结果表明，参与的双方形成了一种相当不稳定的力量平衡。在范围如此广泛的共生关系网中对于我们人类而言最重要的一种就是蜜蜂与植物之间的共生，尤其是能产蜂蜜的蜜蜂和蔷薇科的植物之间的共生关系，因为我们的果树都属于此列。如果没有蜜蜂也就没有我们喜欢吃的苹果、梨、杏和李子。大量对我们而言非常重要的经济作物收成如何都依赖于蜜蜂。但是就为了一点儿短期利益，有些时候是对农业中的大企业有利，政治家们就宁可冒着蜜蜂死掉的风险允许使用除草剂，这对蜜蜂而言非常危险。在花朵与昆虫之间最重要的一种共生关系陷入了最大的危险之中：野蜂和大黄蜂都越来越少或者已经彻底消失，它们已经被列入濒危物种红色名录。希望西方蜜蜂的死亡能够敦促政治家们做出正确的决定，以广大群众的利益为重，而不是服务于那些处于错综复杂政治关系中的小集团。

达尔文天蛾

11

达尔文天蛾

马达加斯加的原始森林中有一种结构非常奇怪的兰花，会让人误以为是一种畸形生物。这朵花所有的部分都被拉长了，形成了一个乳白色略带绿色的星星，因此这种植物的德语名字叫“马达加斯加之星”。这种兰花的学名叫作大彗星风兰（*Angraecum sesquipedale*），花朵最长的一部分是花距，那是一根细细的管子，顶部装着花蜜，尽管量很少，但总归是花蜜。这个花距有45厘米长，它名字中表示种属的词“*sesquipedale*”意思就是一英尺[1]半。这个长度真是有点儿过分了。因为花蜜储存在最底下，谁能从这根细管子里吸到花蜜呢？查尔斯·达尔文于1862年在英国见到了一株正在开花的大彗星风兰，他推测肯定有一种蝴蝶，很可能是一种天蛾，有很长的口器能为此花授粉。几乎在40年后的1903年，人们发现了一种天蛾果真有这么长的口器，于是将它命名为马岛长喙天蛾（*Xanthopan morganii praedicta*）。最后一个词的意思是预测，就是说它的存在早就已经被人预测了。于是这就成了一个著名的案例，由此引发的学术问题，我接下来会进行详细的讨论。

兰花花距的长度和天蛾口器的长度正好相符，这一点是毫无疑问的。虽然经过90年的时间才终于有人拍到照片：长着超长口器的天蛾

1　1英尺=30.48厘米。——编者注

果真拜访了一朵马达加斯加之星，花粉块就沾在它的口器上，然后它又飞去别的花了。授粉过程肯定就是这样完成的，从一开始大家就已经达成了共识。大部分的天蛾，尤其是体形较大的品种，例如马岛长喙天蛾属的天蛾，它们和生活在中欧的白薯天蛾以及红节天蛾相似，都是在夜间飞行的。大彗星风兰的花形（星星）和颜色都表明它是为了吸引夜间活动的昆虫。也许这种花在月夜里能反射出微弱的紫外线，以此来吸引天蛾的注意。

二者形成一个整体，被视为一种高度专门化的共生关系。天蛾这种与兰花的花管长度高度吻合的口器长度是一个在演化中高度适应特别状况的最好的例子。可以想象，经过漫长的时光，花管和口器都不断增长，最终将花蜜的其他使用者都彻底排除在外，不过这样一来，这种兰花也变得极度依赖这个种属的天蛾。大彗星风兰在大自然中极为罕见，它的传播区域仅限于降水丰沛的马达加斯加东部海岸的海边森林。它比一般的兰花品种个头高，植株高度能达到1米，花朵散发出浓郁的香气。天蛾不仅对花蜜感兴趣，而且首先确保自己的幼虫能够吃到合适的植物，所以它有很大的自由度，长长的口器并不妨碍它去找别的花吸食花蜜，只不过要保持相应的距离就可以了。如果考虑到天蛾的分布和幼虫的植物饲料，整个故事还是挺复杂的。

查尔斯·达尔文于1862年在英国见到了一株正在开花的大彗星风兰，他推测肯定有一种蝴蝶，很可能是一种天蛾，有很长的口器能为此花授粉。

马岛长喙天蛾其实并不只是出现在马达加斯加，也不仅生活在依赖它授粉的兰花分布的东海岸地区，它的主要活动区域从马达加斯加对面的东非莫桑比克海岸森林，一直延伸到东南部的坦桑尼亚。在非洲内陆地区也能见到这种体形巨大的天蛾，它翅膀展开后有12厘米到15厘米长，雌性天蛾体形更大，而某些种属的口器甚至能长到25厘米长。然而天蛾幼虫并不吃大彗星风兰的叶子，而是吃其他几种不同的树叶，甚至是原产南美洲的牛心番荔枝的叶子。大彗星风兰用花蜜招来天蛾的目的肯定不是让它在自己叶子上产卵，然后让幼虫把叶子吃光，而是让天蛾来运送自己的花粉块，它的花粉就包裹在其中，这些花粉块必须得运到同一个品种其他花朵的雌性柱头上去，包裹好的花粉块需要一个快递员，因为它没办法凭借风力完成传送，即便是风能吹起花粉，将它吹到另外一朵花上去的概率也太小了，因为一般情况下另外那朵花开在距离很远的地方。通过动物来完成运送才是解决之道，尤其是那些发展出了“花朵稳定性”的昆虫，也就是说这些昆虫只寻找某些特定的花。

蛾子可能并非特别好的花粉运送者，虽然它们一般能飞得很远，但是关键还要看它们吮吸花蜜时展开的口器有多长，而蜂鸟要适合得多。在南美洲和中美洲，蜂鸟存在的意义重大，所以那里的植物世界甚至专门发展出来一种特别的花朵类型（“鸟花”），这些花往往是红色，非常醒目，就是为了吸引蜂鸟的注意；而对蜜蜂、黄蜂和很多其他种类的昆虫而言，这种红色并不是很有吸引力，因为它们几乎不会理会这种颜色，它们

觉得红色太无聊了。我们人类的眼睛能看到红色而且觉得红色花朵尤其好看，比如经常在歌曲里被咏唱的“红玫瑰”。而狗、猫以及大部分哺乳动物则不能区分红色和绿色，就像人类当中的红绿色盲。大多数花朵的造访者在夜晚根本看不见红色。蓝色的吸引力也相当有限，而黄色最招虫子，不过最好的颜色还是白色。

可是为什么花朵在夜间也要吸引授粉者呢？最为适合的昆虫，比如野蜂和蜜蜂，大多数鸟类夜间都要睡觉，还有那些小型的鸟，它们也是在白天寻找花朵。不过蝙蝠和其他几个小型的攀爬型哺乳动物是在夜间活动的，还有一大组各种各样的蛾子，夜间出没的蛾子种类是我们白天看到的10倍之多，大蛾子们尤其喜欢夜间的湿润凉爽，因为它们那种悬停的飞行方式会令体温升高，如果白天飞行，尤其是在很高的室外温度下，会有体温过热的危险。少数几种白天出没的蛾子体形都很小，它们经常需要休息，也是为了避开一天中最热的几个小时，不过按每克体重吮吸的花蜜重量计算的话，它们摄入的花蜜比夜行型蛾子多，因为它们要靠花蜜中的水分来给身体降温。大多数夜间飞行的蛾子，例如夜蛾，只能达到（对蛾子而言）中等水平的体形或者属于瘦弱一类，它们如果是白天出去身体很快就会被烤干。有些夜蛾在夜里寻找带有花蜜的白色花朵。不过夜间采蜜的主要还是天蛾，特别是在热带地区。

大彗星风兰对于授粉者和花粉块的搬运者没有太多的选择权，因为这种兰花不知出于何种原因决定要在夜间开花。它的花瓣很柔嫩，经受不住白天炙热的高温，只有在夜间凉爽和潮湿一些的空气里更加适合开花。因为在热带地区，花期不用局限在某一个较短的季节，而是在几个月的时间里很平均地绽放花朵就可以了，夜里开花比白天还更容易一些。如果想让这种兰花在白天开花，就要刻意制造一种光线昏暗的空间条件，让兰花以为自己是在茂密的热带雨林中。但是兰花有一个难以跨越的困难，导致它成为稀有品种，艰难地存活下来：兰花种子像灰尘一样微小，若想成功发芽需要一种真菌。无论风将种子带到何处，必须得有种真菌恰好在场，种子才能长成一棵新的兰花。正是由于这个原因兰花才会结出特别多微小的种子，至于其中极少的几粒种子能否飘落到一个合适的地点，就全要靠运气了。因此，搬运花粉的工作就要尽可能做到精准无误。兰花迫于这些压力必须好好设计自己的花朵，以最大的可能性吸引某些特定的访问者才能将花粉块运送出去。

在这种情况下，大彗星风兰对天蛾的依赖性要比蛾子对花的依赖性大得多。花朵那长长伸出的花管必须更紧地包裹住天蛾，才能确保花粉块被带出。马岛长喙天蛾的一个亚种生活在非洲大陆上，它比其他同种类天蛾进化出了更长的口器。这种长长的口器可以卷曲起来，除了吮吸管的作用之外还有一个功能。因为口器特别长，所以在吮吸花蜜的时候可以保证天蛾的身体与花朵之间保持一定的距离。因为太接近花朵可能会招来致命危险，因为总有一些蜘蛛或者螳螂埋伏在花朵上伺机抓住靠近花朵的那些昆虫。在我们身边的大自然里也可以经常观察到这一现象。有时候我们看到蜜蜂、苍蝇或者蛾子以一种特别不自然的方式悬挂在花朵上，仔细一看，原来它们已经成了蟹蛛的俘虏。蟹蛛的身体呈白色或者黄色，几乎和花朵融为一体，就连我们的眼睛都很难发现它们。那些花朵的造访者也都没有看到这只蹲守的蟹蛛，因而成了牺牲品。有一种叫灰蝶的蛾子因为口器短，而且不会悬停飞行，经常会被蟹蛛抓获。但是与我们这里的大自然相比，热带雨林里隐藏的危险要多得多。在吮吸花蜜的同时与花朵保持一定距离，这是性命攸关的一项技能。就连蜂鸟也不例外，虽然对于蹲守在花朵上的大部分蜘蛛而言，蜂鸟体形太大，也太有力，可是别忘了蹲守在植物花朵间的还有小蛇，它们可是能一口吞下蜂鸟的。

大彗星风兰长长的花管和马岛长喙天蛾的口器可以说是相互契合的，但是我们还不清楚花朵上是否还有其他危险。还有一个问题：这种天蛾如此常见，原因是否在于它们的幼虫能获得充足的食物？如果有很多这样的植物存在，是否会导致大彗星风兰的减少，因为那样的话就没有足够多的马岛长喙天蛾来拜访花朵了。这个例子也正好说明一点：很多共生关系初看上去简单而又明晰，但其实比我们想象中的要复杂得多，而且其中还交织着其他的关系，或者还有另外的共生关系。其中包含的秘密还没有全部解开。

西番莲

12

Heliconius doris doris ♂ L.
Heliconius doris f transiens ♂ L.
Heliconius sara sprucei ♂ Bates
Heliconius wallacei flavescens ♂ Weym.
Eurytides pausanias ♂ Hew. Papilionid.

西番莲

它的花朵也未免太漂亮了吧，这注定不是一株普通的植物。所以这种花叫受难花，象征《圣经》中的耶稣受难史：5个独自挺立的雄蕊相互之间的夹角为72度，象征耶稣的伤口；3个红褐色的雌蕊，相互之间的夹角为120度，代表着耶稣身上的3个钉子；雄蕊和雌蕊下面的花冠由鬃毛状的花瓣构成（副花冠），被视为耶稣头上的荆棘冠；后面10个使徒（彼得和犹大不在场）站着围成一个圆圈；而那些纤细的、螺旋状的卷须被解读为鞭子。这朵花简直是包含了受难图中的所有因素。

那些欧洲移民来到南美洲热带雨林后看到了这种独一无二的植物，他们特别认真地观察了这种奇迹般的花朵。他们按照自己的想法来解读这朵花，尽管这片陌生的南美洲大陆和耶稣受难的故事一点儿联系都没有。印第安人遇到欧洲人之后才真的是开启了一段受难史呢。在《征服天堂》(这片大陆于1492年被发现。雷德利·斯科特于1992年拍摄了这部电影，纪念哥伦布发现美洲500周年）这部电影里展现了50万名印第安人被折磨、侮辱、钉上十字架处死，尽管他们与欧洲以及中东地区历史上的斑斑罪行毫无关系。我们并不了解当地印第安人如何解读西番莲，他们肯定也有过一些想法。至少有一点是我们确信无疑的：印第安人肯定不会将这么美丽的花与流血和残忍杀害这种主题联系起来。他们知道西番莲的果实是一种美味的水果：果皮呈黄色至橙色，像莓果一样，有一股特别的味道。当然他们也有自己的叫法，巴西东南部的图皮语称之为Maracujá。另外也有其他发音很相似的叫法，因为葡萄牙语在口语和书写中直接采用了这个名字。在德国售卖的新鲜果实也直接采用了这个发音，只不过采用了德语拼写法，这个词发音时的重音其实要放在最后的那个音节上。在印第安人图皮语中这个词是由两部分构成的，Mara的意思是糊状的食物，cujá描述了果实的形状是半圆形的。巴西人和阿根廷北部的原住民用木头或者小葫芦做成一种半圆形的容器就叫这个名字，用来喝刚煮好的马黛茶。

对印第安人而言，这种果实从很早以前就具有一种重要意义，欧洲人并不了解这一点：它的味道会让人上瘾。印第安人会花费很长时间去寻找西番莲果，他们会直接吃掉果实里面裹着籽儿的糊状果汁，因为很难从味道浓郁的透明果肉中将这些籽剥离出来，要花很长时间去吮吸那些籽，才能把上面的果肉彻底择出来。大多数情况下还没等舌头做到这一步，果肉就连着籽儿一起滑进喉咙里了，这些籽就是这么滑溜。

西番莲拥有独一无二的花朵，共生关系产生于花朵和动物之间，跟它的果实——百香果的果汁和独特味道没啥关系，尽管我们这些美食家都将注意力放在了百香果身上。我之所以先提起欧洲人对这种花的解读方式，是因为其中涉及两个重要的点。首先我们有必要找到一种合理的解释：西番莲的花为什么开得如此对称和美丽？欧洲人将其解读为耶稣受难的寓意表明中世纪天主教思想影响延续到了近现代。在这种思想起源的

它的花朵也未免太漂亮了吧，这注定不是一株普通的植物。所以这种花叫受难花，象征《圣经》中的耶稣受难史。

时期曾经有几千个所谓女巫被烧死，在欧洲无处不在的宗教法庭致力于进行思想的净化。第二点是百香果的味道令人着迷，让人几乎忘记其实西番莲花是有毒的，就连什么植物都啃的山羊也不会碰它，吃过百香果里面籽儿的人可能会明白其中的原因何在。这种味道令人上瘾，里面的籽儿还没等舌头把它吐出来就滑进了人的喉咙。西番莲进化出这种特质的首要目标群体其实并非人类，而是动物，不过，在过去的几千年里，在南美洲热带雨林里四处游荡的印第安人为西番莲的传播做出了很大贡献。

全世界一共有500多个西番莲属植物种类，仅从数量上就能看出这种攀缘植物肯定属于特别成功的热带植物。这个种属中的大部分植物都生长在南美洲和中美洲的热带地区，澳大利亚东北部、南亚、马达加斯加也有少量分布，甚至还有一个品种长在加拉帕戈斯群岛当中的一个小岛上，它位于赤道南边的南美洲以西1000公里处。由此我们可以推断这种攀缘植物肯定原产于美洲的热带地区。在南美洲还是一个小岛的漫长岁月里，温暖的赤道洋流沿着它的北部边缘从非洲流入大西洋。一些漂流木带着南美洲西番莲的种子来到了东南亚、澳大利亚北部，甚至还到达了极其遥远的马达加斯加。而加拉帕戈斯群岛尽管距离南美洲很近，但是西番莲的迁移之旅一定克服了很多困难，因为这些小岛的海岸线全部由几乎寸草不生的火山熔岩构成。我们看一下西番莲属植物在全球的分布情况就能得出一个重要的结论：它独特的花朵构造已经有几百万年的历史了，而人类则是10000年到15000年前才开始出现在南美洲和中美洲的热带地区的。那时的人类从亚洲东北部经过还未被海水淹没的白令陆桥来到了阿拉斯加，他们途经北美洲慢慢迁徙到了南美洲，当时巴拿马陆桥还将北美洲和南美洲连接在一起。

而西番莲属植物在很早以前就已经出现了，它特别的花朵构造和果实早在几百万年前已经形成，比冰河世纪还早。当时的南美洲还处于第三纪，在地球发展史上这个时期延续了6000万年，在如此漫长的时期，南美洲慢慢脱离了地球的其他部分。当时还没有出现现代的这些哺乳动物，我们猜测一下南美洲起源时期谁才是西番莲属植物的使用者。既然它是攀缘植物，那首先受益的肯定是能爬树的哺乳动物以及飞翔的鸟类。因为成熟的西番莲果实仍然很牢固地长在植株上，在南美洲的热带雨林里只有少数几种鸟才能在贴近地面或者距离地面几米高的区域内寻找这种果实，那么它的食用者范围就更缩小了，最终锁定的目标就是猴子和巨嘴鸟。猴子可以摘下成熟后呈黄红色的果实，而巨嘴鸟可以用长长的鸟喙将百香果啄下来。巨嘴鸟一个亚种的喙的边缘甚至还有齿（锯齿状的角质结构，并不是真正的牙齿！）。像绝大多数鸟类一样，巨嘴鸟对颜色十分敏感。猴子也能看见成熟的百香果那种浅黄或者橙黄色。不过它们也许会觉得这种颜色和某些有毒昆虫那种橙色的警示色有点儿相似。很多品种的西番莲果实对它们而言味道有点太酸了，所以说猴子只在特定条件下才会去吃百香果，而巨嘴鸟就成了西番莲在热带南美洲的主要食用者和传播者。到了1万年以前，人类也开始寻找这

种果实，可能是西番莲意料之外的加演节目吧。通过吃水果的鸟类和哺乳动物来播撒种子只是动物和植物形成的众多共生关系中一个普通的例子而已。

可是西番莲的花到底是怎么回事？它为什么会有这样独特的构造？虽然西番莲这个大家庭里也有少数异类，本书并不涉及，大部分的品种花朵都分为3层，呈现出这种放射性的结构。红色、蓝色和紫红色这些色彩艳丽的花瓣上都有这种密密的花丝构成的花冠，它们都是不能结果的雄蕊，是没有花粉的。第二层是5个雄花粉托，在最上面则是雌性柱头，它们不是朝上长的，而是向下。花瓣长成这样的目的是让花朵的访问者在它们下面移动的时候背部能够沾上花粉。放射性对称的结构意味着授粉者会在花丝那一层雄蕊上爬过。从这一层到雌性柱头的距离就可以大致推算出完成授粉的昆虫一定是体形很大的昆虫，而且还是在白天活动，因为西番莲的花朵喜欢在明亮的日光下开放。授粉者一定非常准时和靠谱，因为一朵花只开一天就谢了，必须在这么短的时间内完成授粉，而这种花完全不可能自我授粉。

木蜂属里的大个头木蜂完全符合上述条件，只要在西番莲盛开的地区就能看到它们忙碌的身影。我们这里的大蓝木蜂倒是挺适合给西番莲属中的某几种授粉的，因为它们活动的地区即便到了冬季气候也比较温和。大木蜂在外形上更像野蜂，而不像蜜蜂，它们无论是个头还是体形都完全符合西番莲花朵里的“转盘”的要求。它们身上毛茸茸的，在爬过朝下低垂的雌性柱头时一定能沾上花粉。木蜂在全球的热带地区均有分布而且十分常见，对于西番莲来说这是最好的先决条件。木蜂在全球的分布地区比西番莲还要广泛。如果情况反过来的话，那可能会产生一些问题，还得需要其他的昆虫来辅助完成授粉。如果没有足够的动物来帮助传播种子的话，这种共生关系也就无法成立了。那西番莲就需要第二种共生关系来确保自己的生存。

这样做还不够！彩图中还画了蝴蝶是有充分理由的。西番莲花朵的生命里并不只有开花和通过木蜂授粉，以及稍晚一些通过吃了百香果的动物来实现种子的播撒，在生长过程中还会遇到其他困难。萌芽的种子必须得长大，不断生长的植株必须通过某种方式获得开花结果所需的养分。植物在生长过程中一般都会吸引不少感兴趣的动物，它们会吃掉树叶或者花蕾，还有正在形成的果实。正如前面所说，这种花是有毒的，要补充的一点是这种毒性的分布并不均匀，毒性物质为吲哚生物碱，不同的品种含量不同，即便是同一个种的植物含量也不尽相同。有几个品种的西番莲，人们不仅会食用它的果实，还可以把它的叶子和嫩藤蔓做成茶，虽然这一举动带有一定的风险，不过还没有统一的种植标准来对茶的材料做出那么详细的规定。在自然界有一种蝴蝶专门喜欢食用西番莲的叶子和藤蔓，它们属于绣蝶属，平时就被叫作西番莲蝶。大幅的彩图中有3只蝴蝶的翅膀上带有蓝色，第四只蝴蝶是金凤蝶科的，下文中还会提到。

西番莲的植株并没有坚硬的树干，它的藤蔓长得飞快而且具有向光性，作为攀缘植物它们得借助其他树的树干。螺旋转动的藤蔓长着纤细的尖端，像触手一样寻找能固定自己的位置。它的嫩叶长得很快，其中还含有某种微量物质来防止昆虫吃掉它们，毛虫和其他以植物为食的昆虫往往都格外喜欢刚长出来的嫩绿叶片。向上伸展的长长的藤蔓不见得那么招人喜欢。毛虫到了化蛹的阶段才能用得上藤蔓，在它们饥饿的时候藤蔓是派不上用场的。一根藤蔓上同时有好几只毛虫的时候更是不行，它们早就把一切能吃的都吞下了肚子。所以西番莲蝶的幼虫还会吃掉体形更小，自己能够战胜的毛虫，这样才能消灭掉藤蔓上的其他竞争者。雌性西番莲蝶在产卵之前会彻底检查一段藤蔓上是否已经被毛虫吃掉了一些叶子，还会查看上面是不是已经有一只卵了。每一只雌蝶都只有几颗卵，所以雌蝶会极其小心地单独排出每一颗。

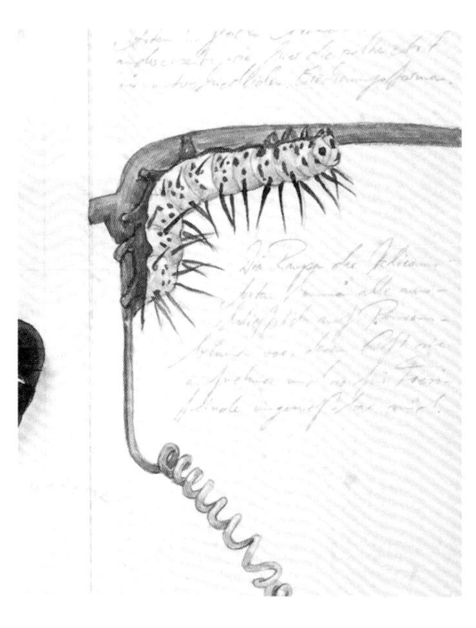

西番莲也会自己想办法对付蝴蝶，它居然会长出一些假卵，看起来就像是雌蝶产出来的一样，以此来欺骗准备产卵的雌蝶。西番莲只是某些时候会这样做，不是一直都如此。因为如果平均一根藤蔓上只有一只毛虫的话，情况对西番莲还比较有利，它会通过长出新的叶子来弥补被毛虫吃掉的那些；而如果已经有一只毛虫在这里守卫的话，还可以避免新的卵。植物和蝴蝶之间会想办法达到一种平衡，其结果将会影响到一根藤蔓上要开几朵花以及后面会结出几个果。好像情况还不够复杂似的，居然还有冒牌货前来搅局，釉蛱蝶亚科的一种蝴蝶还会模仿西番莲蝶前来竞争。西番莲蝶本身也有毒，所以至少鸟类不喜欢吃它们，所以它的这个亲戚在进化中极力模仿它，效果真能以假乱真，甚至在科学的蝴蝶收藏品中都有人会把它认错。如果这种无毒的釉蛱蝶出现得太多的话，西番莲蝶还会因为飞得太慢又太显眼而陷入更大的天敌压力，于是又会引发对方的反应。有毒的西番莲蝶同有亲缘关系种属的其他同样有毒的蝴蝶组成了一个“毒性联盟”，正如图中画的翅膀上带有蓝色的西番莲蝶和群居生活的无尾阔凤蝶，它们组成了一个拟态团体，一种“穆氏拟态”。穆氏拟态与更为常见的贝氏拟态的区别在于，危险的或者有毒的品种发展出外表非常相似的形状和颜色，从而大大增加整体数量。没有经验的鸟类只要尝试过一只或者几只同属于一个穆氏拟态的蝴蝶，它们就会知道，长着这副样子的蝴蝶不可食用。在这种试吃中损失的蝴蝶数量就此被放在一个更大的基数上，每个品种被吃掉的总数也会变少，因为有另外那个有毒的品种作为补充。在德国的动物界也有一个很好的例子，就是蜂身上黑黄相间的外套。几乎所有带毒刺的黄蜂都长着这种颜色——还有很多无毒的模仿者以及大量的食蚜虻科，这就属于贝氏拟态，就是那些没毒的昆虫努力让自己长得很像有毒和危险的昆虫，西番莲蝶则涵盖了这两种形式。谁让西番莲这么特别，这么有魅力呢。所以西番莲和蝴蝶之间的平衡不断调整，因为西番莲花朵的成长和怒放也要承受很多其他热带雨林植物的竞争压力。热带雨林里从不缺少艳丽丰满的植物，所以生存压力也比在气候条件没有那么好的地区更大。因此与大陆和海洋相比，热带雨林里的共生关系出现得更频繁，层次更丰富。

奇特的树懒

13
Bradypus variegatus
Cryptoses choloepi

奇特的树懒

树懒这个名字取得真是贴切。“懒狗”这个词一般指的是一种特别情况，或者是狗的一种暂时状态，而树懒则是真的懒，而且是天性如此，一直就这么懒。它们生活在中美洲和南美洲的热带森林里，距离我们非常遥远。它们在树冠上背朝下斜挂在树枝上，或者将自己团成一团蹲坐在一根树杈上。以明亮的天光为背景，它们这个姿势的侧影很容易让人误以为是树白蚁或者野蜂的巢。就算它们行动起来，那速度也慢得让人生气。在观察树懒的时候，真的需要极大的耐心，因为看了很久什么变化都没有，直到它们感到内急，需要排便时才会有所行动。你会感觉树懒真是一种疯狂的动物，完全不像是热带雨林里的生物。很明显它们费了很大的劲儿才能从树冠爬到地面，那个速度真的是完全符合树懒的特性，慢得让人替它着急，然后它还非得找到自己专属的那个蹲坑！在森林地面上行走简直比爬树还要困难，因为它们要将长长的、镰刀形状的钩爪依次向内侧或朝上翻转。这种三趾树懒主要生活在亚马孙河及其支流沿岸，还有美洲原始热带雨林中的河流沿岸，所以树懒很有可能会落入河中，它们的水性还不错，起码比在地面行走强得多。树懒游泳也很慢，它用前爪划水——标准的“狗刨式”，但是效果不错，能够将头部和鼻子露出水面。等遇到下一棵树时，它就会抓住树枝爬上去，然后坐着半天都不动，就好像在思考这样做究竟对不对。

这种描述丝毫不夸张。这种动物是如此不可思议，因为在热带的炎热气候下，大家不会预料到会有这种冷冻般的缓慢或者从容不迫，更符合我们想象的应该是活力四射的动物，典型的例子就是在树杈间跳来跳去并发出吵闹声的猴子。树懒看起来就像生活在另外一个世界，身边的蝉鸣、蛙声、鹦鹉的呼喊或者是热带风暴的电闪雷鸣似乎都与它无关。任凭雨水哗哗地打在身上，它也纹丝不动，因为它毛发生长的方向和其他动物相反，是从腹部朝着后背中间长。因为它总是挂在树上，所以它的毛发倒是适合下雨天，就像流苏状的浴帘，雨水正好顺着毛发的方向流下去了。

全世界一共有5种不同的树懒：其中两种是二趾的，三种是三趾的，它们全都生活在从中美洲一直到南部的巴西中部地区的热带雨林中。树懒和同样生活在中南美洲的食蚁兽和犰狳一样都是古老的哺乳动物，而且属于同一族。它们都是真正的南美洲动物，在其他四大洲没有任何动物和它们有亲缘关系。食蚁兽和犰狳虽然动作也不算快，但是毕竟也不像树懒慢得那么夸张。人们可能会想，树懒能够在热带雨林中存活下来，真是一个奇迹；毕竟这里的生命脉动一般都不会这样不慌不忙。每一种动物都必须格外小心，不停地跳动或者准备逃跑，因为有成千上万种威胁。为什么恰恰是哺乳动物中动作最慢的这一种能够生存下来呢？科研人员深入研究了树懒的新陈代谢，结果并不令人惊讶。按照树懒的身形，它的能量基础代谢率仅是“普通”哺乳动物的一半甚至更低。它们并不是装出这么缓慢的样子，它们的确就是这么慢！它们一周仅需要非常艰难地从树上爬下来一次，最多两次，去它们的蹲坑排便，两次排便之间的时间间隔也证明了其缓慢的消化过程。它们想快也快不了，着急也没用。

恰恰是在排便的那个时刻会发生一件让人特别惊讶的事情：从树懒的皮毛里爬出来一只小蛾子，飞到还温热的大便上方，立即将卵产在大便里。从卵里孵化出极小的毛虫。它们以粪为食，长大变成蛹，到了合适的时间又从茧里钻出来，蜕变成蛾子，并等待某只树懒经过。然后小蛾子就会飞进树懒的皮毛里，在里面找到同一种类的蛾子进行交配。树懒的皮毛就是这种小蛾子的住所，它们的名字就叫作树懒蛾。树懒的粪便喂养了毛毛虫。已经很令人惊讶了吧，这还不是事情的全部呢。还有另外一种叫汉内尔侏儒蛾的树懒蛾会终生生活在树懒的皮毛里，这种蛾子的毛虫就以树懒毛皮里的绿藻为食物，这种微型绿藻长在树懒的粗毛夹缝中，因此树懒身上大部分的毛都变成了绿色。而这另外一种蛾子的幼虫也足够小，能够以这种绿藻为食。这种食物虽然算不上特别有营养，但是毛虫和蛾子躲在皮毛里根本不用害怕什么，它们既没有时间压力，又没有天敌的威胁。树懒并不会清洁自己的毛皮，下雨的时候就算是清洗过了，它自己也会食用毛上的绿藻来补充身体成长所需的微量矿物质。因为树懒行动缓慢，所以蛾子们可能没有觉察它们生活在一只体形比它们大很多的动物身上。

这种“皮毛里的蛾子”并不会破坏皮毛，这已经够奇怪的了，但对于一种共生关系而言却并非特例。树懒只不过是背着这些蛾子而已。不过人们可以这么想，树懒和绿藻之间的关系更为重要，因为这会让树懒天生的褐色皮毛染上一层绿色，在原始森林的树上这是一种很好的保护色。它们非常需要这种保护，因为行动缓慢的树懒有一个来自空中的最危险的天敌，那就是猛禽之中最为有力的一种——角雕。它们的利爪像男人的铁拳一样有力，对角雕而言最为理想的树懒大小在3千克到6千克甚至8千克之间，况且这种猎物几乎不会反抗。如果树冠上的树叶不够浓密，这时不会被角雕发现就成为关乎生死的一件头等大事。不过我们还不确定，这种体形巨大的森林猛禽是否能区分灰色和灰绿色。树懒几乎一动不动也很有可能是比毛发变绿更好的保护，我们人类是有目的地在树杈间去搜寻树懒，也很难发现它们，所以关于绿藻是否能作为保护色这个问题还没有确定的答案。更为人知的是，三趾树懒为什么更愿意生活在特定的一些树上，这些树的叶子很长，形状像手指一样，它们在热带雨林里十分显眼。它们被称为蚁栖树。这种树和荨麻是远亲，特点是蚂蚁很喜欢生活在它们空心的、类似于竹子的树干里。这种昆虫属于阿兹特克蚁，这个拉丁语名字表明了它们攻击性强且好斗的天性。它们会攻击所有停留在树上的生物，还会爬到它们身上，因此产生接触。这种蚂蚁的食物是天蚕蛾排泄在叶柄根部凸起上的小小的一颗颗纽扣形状的粪便。这就是我们要讲到的共生关系的重点。

恰恰是在排便的那个时刻会发生一件让人特别惊讶的事情：从树懒的皮毛里爬出来一只小蛾子，飞到还温热的大便上方，立即将卵产在大便里。

天蚕蛾主要分布在河流沿岸或者湿润的山坡，这些地方都有富含矿物质的沃土。就像我们熟悉的柳树，它们喜欢长在河边或者河滩上，因而成长迅速。美洲热带雨林中的大多数树木都含有一种防止被食草动物食用的物质，就像我们这里的橡树含有的丹宁酸，而柳树完全不含这类物质。这是自然界的一条普遍性规则：凡是长得快的物种，抵抗力都比较差。对各种不同的使用者而言，它们都格外有吸引力，因为没有可以抵抗被食用的保护物质，或者是缺乏一种复杂的毒素才能阻止它们被当成食物。这些蚂蚁生活在蚁栖树上，会攻击想要来吃这种经济作物的生物，所以形成了一种完美的共生关系。带着小蛾子一起生活的树懒其实并不是事件的核心角色。不过热带雨林大多数时候都比我们想象中的更加复杂。仔细观察这些蚁栖树的树叶就会发现，任何一种昆虫都很有可能会来吃这种树叶。阿兹特克蚁对其他昆虫的防御并非毫无漏洞。就连树懒都喜欢吃这种树叶，而且很长时间以来几乎仅以这种树叶为食。也许是因为它们的动作太慢，所以根本没有触发蚂蚁的警报系统。它们行动缓慢也和饮食方式有关，甚至是双层关系，因为它们吃下的树叶会在分成几个部分的胃中发酵，然后这种食物糊糊才会进入肠子里。这个过程需要较长的时间，还要安安静静地坐卧着进行，就像牛在反刍。所以树懒生活的特点绝对不是它们很懒惰，它们要尽可能地躲避蚂蚁，在将嘴里的树叶嚼碎成糊糊的过程中绝不希望有蚂蚁爬进去。蚂蚁对它们身上长长的、浓密的毛发无能为力，何况这些毛发还经常会被热带的大雨打湿。为了促进消化，树懒无论如何都会坐着不动。

也许这种生活在蚁栖树空心树干中的蚂蚁最大的功劳在于它们抵御了其他品种的蚂蚁，比如说那些养植物的人最害怕的切叶蚁。对于那些树叶中不含毒素的树木而言，切叶蚁就是最大的威胁。切叶蚁又和真菌构成一种特别的共生关系。在美洲的热带雨林中，少见的共生关系与其他各种各样的互动关系相互交融，让人无法看透。最终呈现的状态让我们非常惊讶，但是几乎无法理解。在植物品种如此丰富的热带雨林中，蛾子的毛虫真的只是以这种古老动物皮毛里的绿藻为食吗？亚马孙河岸上的蚁栖树真的需要蚂蚁来保护它们免受其他蚂蚁的侵害吗？这些问题都涉及了热带雨林生态的核心问题。人们根本无法相信这么丰饶的雨林要依靠空气中的矿物质，因为植物生长的土地极其缺乏矿物盐。人们也无法相信，这样的土地根本不适合用来发展可持续农业。树懒皮毛里的小蛾子以这样的方式来获得最基本的重要营养物质，这种观察视角对于农业对人的重要性而言也颇有启发。切叶蚁这种独特的经济方式使自己成为美洲热带雨林中最成功的动物。

切叶蚁

14

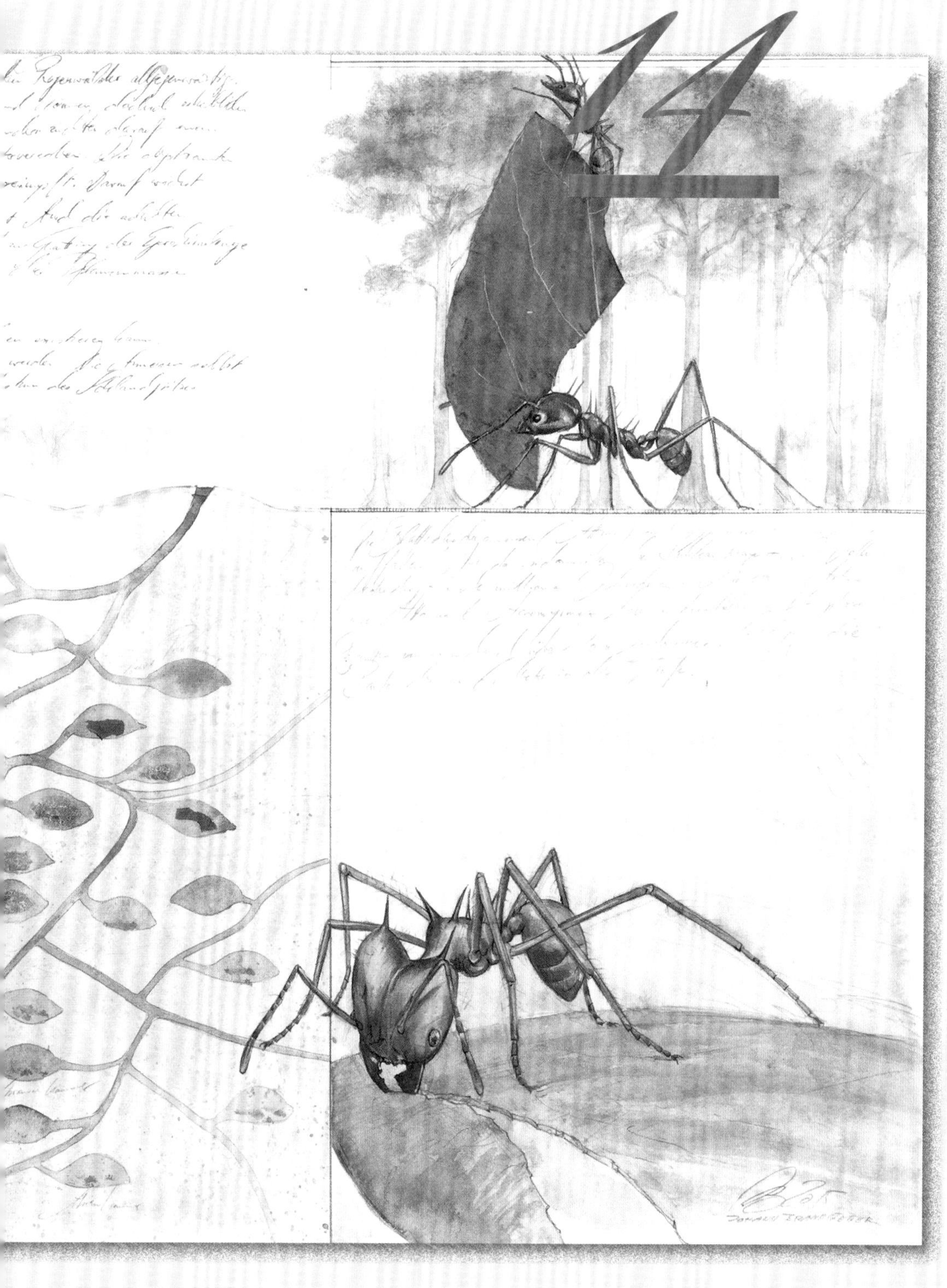

切叶蚁

这些小小的体力劳动者看上去很可爱，就像儿童绘本里的画面：它们拖着树叶，排成长长的一队行走在街头，这条马路对蚂蚁的体形而言称得上是超级高速公路。它们朝着一个方向走过去的时候还空着手，过了一会儿返回的时候就背着树叶了。它们尽可能地将叶片高举，垂直于地面，似乎遇到合适的风向，这片叶子就会变成风帆，能让它们跑得更快。有些叶片上面还坐着超级迷你的蚂蚁，就像水手爬上帆船的桅杆顶去眺望远方。蚂蚁总是一副忙忙碌碌的样子，而这些蚂蚁则格外忙碌。如果在这条路上专门观察背叶子的那一队蚂蚁，你就会发现一些隧道模样的入口，一直延伸到地下，直径有几米宽，表面没有任何植被，这就意味着下面就是蚁巢。有好几支队伍同时从各个方向缓缓不断地朝这里会聚，由此可见这个地下设施肯定巨大无比。针对这种美洲切叶蚁属的研究涵盖领域广泛，结果显示这种蚁巢里生活着几十万甚至是几百万只蚂蚁。人们很难想象出几十万甚至几百万这样庞大的数字，它们产生的影响则更为明显。那些蚂蚁背回来的小叶片大约1厘米长，或者更小，可是如果乘以百万计算，那对这些植物而言很有可能就是灾难性的损害。亚马孙河地区及其亚热带边缘地区的定居者都以植物种植园为生，他们会诅咒这种蚂蚁，因为它们一夜之间就可以摧毁人类几个月精心种植的作物。这些植物种植者会炸烂切叶蚁的巢穴，灌进石油，或者用燃烧的硫黄去熏蚂蚁，但是收效甚微。那些蚂蚁会重新集结起来，修建新的地下巢穴，再次如潮水般向植物涌去，一片一片地锯下叶子或者花朵，而且还专门喜欢对经济作物下手！就好像它们专门等着欧洲人的到来并将原来的森林和大草原都开垦成种植园。

只要化学工业研发出来新的杀虫毒药，种植园的人都会拿来对付一下切叶蚁，可惜同样收效甚微，和之前的炸毁蚁穴和灌石油差不多，这些蚂蚁似乎是无法战胜的。只杀掉其中的几千只或者上万只根本没用，还会有新的一群群蚂蚁加入，就好像之前的杀戮只是激发了它们的繁殖能力。20世纪下半叶的一项研究结果表明：切叶蚁在中美洲和南美洲的热带及亚热带地区占所有动物世界总体量的1/4。如果算上生活在热带雨林边缘地带以及大草原的白蚁，它们甚至能达到1/2。

它们如此成功的秘密是什么？如果能解开这个秘密，也许就能找到更好的办法去战胜它们。不过深入切叶蚁地下的生活中心去窥测它们的生活方式并非易事，必须得把它们的殖民地搬到实验室去。在大自然里人们对切叶蚁的了解除了知道它们会切割并运输叶片之外，就是在蚁巢中养真菌，因为在炸开蚁巢的时候曾经发现大量长有真菌的物质喷溅到地面上。难道切叶蚁喜欢收集垃圾？被它们运回蚁巢的树叶到底用来做什么？最开始我们以为蚂蚁会吃掉这些叶片。那为什么不怕路途遥远也要运回巢穴？它们可以直接在树上或者在经济植物旁边就开始进食啊。如果说是带回去给幼虫吃倒是可以理解，但问题是从来都没人看到过切叶蚁吃掉那些叶片。

研究人员在有机玻璃做成的容器里建造了人工的巢穴，还有同样材质的管子连接到地面，再给蚂蚁投喂一些植物，这样就有希望解开切叶蚁的秘密了。这些蚂蚁真的在种蘑菇！它们居然会在抚育幼虫的房间之外单独开辟真菌种植区，还会通过送风和通风调节成适合真菌生长的温度和湿度。那些在外面某个地方切割下来并拖回巢穴的叶片，它们会小心地嚼成绿色的糊糊，然后就用这种东西来培养真菌，让真菌长大并“结果”。因为从彼此相连的菌丝形成的真菌构造中会形成小小的、多多少少和纽扣相似的子实体。而切叶蚁就仅仅依赖这些子实体为生，也用它来养育幼虫，甚至可以说它们是在进行真正意义上的农业种植。只不过它们种的不是植物，而是真菌。它们的真菌花园就像小型的真菌培育场，而且经营得很不错。这些蚂蚁能够完全依赖自己种出来的真菌为食。如果出于某种原因，真菌泡汤了，又无法及时建造新的真菌种植区，那么整个蚁群就会遭遇灭顶之灾。

切叶蚁是在进行真正意义上的农业种植。只不过它们种的不是植物，而是真菌。

这些蚂蚁小心提防它们的花园不会进入其他干扰性或者破坏性的菌种。它们不间断地维护着真菌的生长，查看真菌“更喜欢吃”哪种树叶，而哪些不适合真菌的生长，有些根本没法用，之后蚂蚁会将这部分叶片运回到地面处理掉。如果意识到哪一种叶片不能用，那么以后也就不会再将同一种树的叶片运回到巢穴里去。于是化学专家没费什么劲儿就找到了一些有效物质来破坏切叶蚁种的真菌，阻止它们的生长。蚂蚁们发觉，那些被喷了这种物质的树叶似乎有哪里不太对劲儿，就把这些树叶和受到影响的真菌一起扔到了外面，或者是塞进了地下专门放废弃物的洞穴里。以前遇到长势不好的真菌也是这样处理的。在切叶蚁的巢穴里，一般情况下会固定安排材料的运入和运出。换一种说法就是：它们吃得多，排泄得也多。它们和自己种的真菌构成了一种密切的共生关系，真菌的生长和茂盛都要依赖蚁群。在建造新的蚁巢时，它们会带着真菌，以便从一开始就能保证不断增长的蚁群有充足的食物。蚁后也和它手下的那些雌性工蚁一样，以真菌为食。这些真菌还要喂给那些兵蚁，因为兵蚁长着巨大的下颚，没办法收割和吃下真菌的子实体。在切叶蚁社会里，兵蚁构成一个需要被有目的喂养的独立阶层。地球上有几种不同的切叶蚁，它们的生活方式有些细微差异，而有些切叶蚁种群会培养由迷你工蚁构成的特殊阶层。正如前面简单提到过的那样，迷你工蚁会“骑在”那些普通工蚁搬回巢穴的树叶上，这样做的功能是驱赶飞过来的寄生虫，阻止它们把卵产在工蚁身上，它们就是工蚁的贴身保镖。

蚂蚁和真菌构成的共生关系如此成功，那为什么南美洲的热带雨林没有被它们洗劫一空呢？如果连人类都几乎无法控制切叶蚁的话，在大自然里它们被看到的频率应该会比现在高得多啊。我们大致上可以得出这样一个结论：森林在反抗这种蚂蚁以及它们吃真菌的行为。树木孕育出大量毒素，或者是令某些特定的真菌无法承受的物质。事实果然如此，这也就解释了为什么切叶蚁格外喜欢人类的经济作物，因为这些植物不含或者仅有少量的特别保护成分。也正因如此，我们才能使用或是食用这些植物，所以种植园中的经济作物也就比自然生长的植物更容易招来害

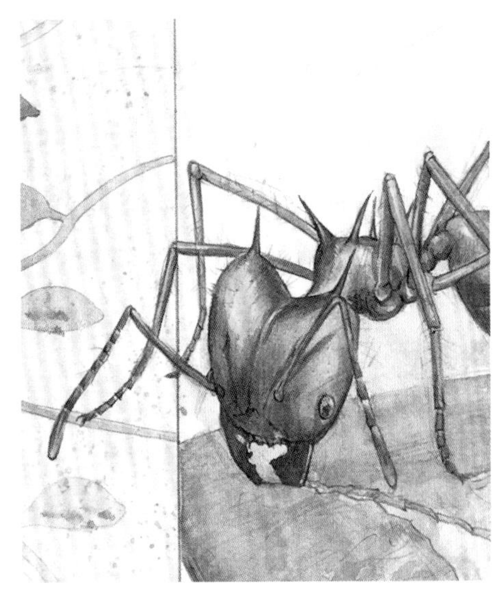

虫。一切在人工培育中被添加了易消化和口味好这两个特性的植物，也就失去了在自然界用于阻止被动物食用的抵抗力。在欧洲人到达热带的南美洲并开始改造自然以前，切叶蚁的数量要比现在少得多。以自然方式存在的树木、灌木丛和地面植被都含有毒素或者阻碍消化的物质，让它们和切叶蚁在食物大战中打成了平手。这种共生关系的巨大成功变成了它在大自然中无法跨越的界限。各种植被都能够在体内生成抗体，虽然这个过程特别耗费能源，但是在热带的自然条件下，为此所需的能量供应是日照带来的光合作用，植物可以源源不断地获取并无限量地产生酚、蜡或者是奶白色的毒液。它们还可以通过存储硅酸盐让木质变得像铁一样硬。热带木材之所以受欢迎，就是因为它们虽然比非热带地区森林里的树长得慢很多，但是却更硬更结实。热带雨林里大多数地方都条件有限，特别是如果这些树木长在很贫瘠的土壤里，缺乏氮磷化合物。热带植物大都比较缺乏有营养的蛋白质。蚂蚁喂给真菌吃的那种糊糊，连它们自己吃了都无法饱腹，而且还包含有毒成分。而真菌并不怕这种毒素，能够长出不含毒素的子实体，蚂蚁是可以消化的。我们可以把蚂蚁的养殖产品看作是酸奶，更多（真菌）蛋白，仅含少量或不含毒素，这样的子实体毫无疑问对蚂蚁而言是获取食物更好的途径。这样也就更容易理解，

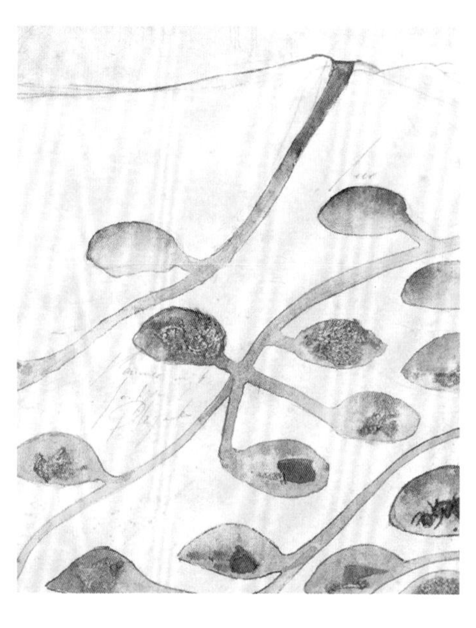

为什么在热带雨林里，蚁栖树的叶子会如此受欢迎。这些树长得很快，它们仅含少量抗体，而且借助于生活在蚁栖树树干空洞里的阿兹特克蚁，切叶蚁还可以抵御最大的威胁。

那就是欧洲人！正是他们在500年前带着陌生的植物突然闯入了切叶蚁的生存空间。他们打破了原有的平衡，把蚂蚁变成了害虫。此前这些蚂蚁好好地生活在热带雨林中，并没有产生任何毁坏性的影响。这种基本的共生关系是在几百万年的时间里慢慢形成的。在可见的未来还看不到解决切叶蚁问题的方法，所取得的成果都是短期的。蚂蚁在与化学产品的对抗中并没有失败。

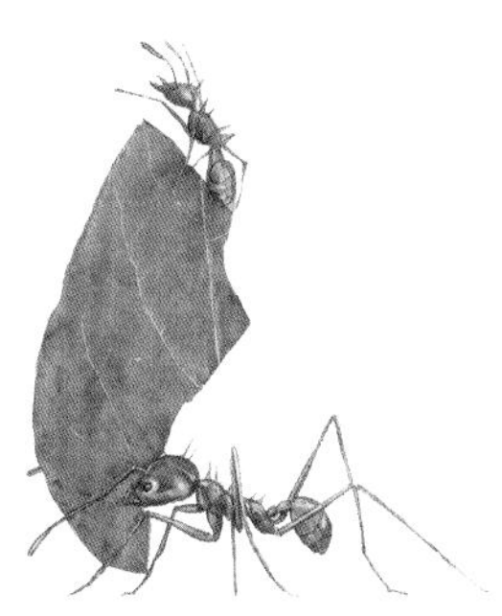

作为租客的蚂蚁

15

作为租客的蚂蚁

吹过东非大草原的和风，传播着细微的声响，似乎来自四面八方，又不知道具体来自哪个方位，让人联想起风神的风奏琴，是风在拨动着琴弦，可那是神话，现实中哪有这样的事儿。这声响是我们想象出来的吗？当你站在海拔1000米的大草原上，看风吹过草地像浪花一样绵延不绝，直到远方的地平线，难道是耳朵产生了幻听？在金黄色的草丛里不时能看到浅色背景下略显黑色的荆棘丛，除此之外只有草地和飘着朵朵白云的蓝天，小团的云朵落在地上的影子就能产生温差，然后就生成了一小阵风，过了一会儿又渐渐消失。然后风声就消失不见了，这是风奏琴的琴声。事实是：这一切并非想象，也不是我们的耳朵出现了幻听，但是这并非琴声，那些矮小的金合欢灌木丛中有无数气泡形状的小刺，当风吹过的时候就发出了这些细碎的声音。每一个这样的小气泡都有一个洞，小小的光滑的圆洞，直径大约1毫米，而且这些泡泡是空心的。如果风向与小洞的位置合适，就会发出这样细微但是能传得很远的声音。因为有极多这样的洞，最终就汇聚出如同风奏琴一样的声响。蚂蚁与镰荚金合欢之间奇怪的共生关系产生了这种伴随现象，在东非人们通常把这种灌木叫吹哨刺树。

在草原上，大老远就能看到一团团暗色的金合欢灌木丛，很多枝杈上长满了已经很老的泡泡，连颜色都变深了，上面探出很多灰白色的尖刺，相比较而言显得体形非常小的羽状叶片在大量的泡泡中间几乎找不到自己的位置。在这些泡泡里就住着勤劳的工蚁！很难想象，金合欢上有如此大量的迷你蚂蚁住所，居然没有损害到植株，它们真的是利用了金合欢。那些没有蚂蚁居住的植株长势反而明显差一些，尽管那些刺里的居民在清扫房屋的时候还会把叶子吃掉。不过蚂蚁和金合欢灌木之间的关系又比人类的想象更为复杂。如果那些食草动物如斑马和大象被电网篱笆挡在外面，无法啃食吹哨刺树的叶子，那么蚂蚁与灌木之间的合作就会终止，金合欢就不会形成新的泡泡——被称为“虫菌穴”的蚂蚁居所。它们也会停止在树叶上形成新的子实体，这是蚂蚁的食物。如果没有争抢食物的压力，那就不值得去花费如此多的精力。令研究人员惊讶的是情况还在迅速变化中。现在又有别的蚂蚁品种来造访金合欢了，可是这种蚂蚁并不会抵御别的昆虫来保护植物，它们只是对甲虫幼虫感兴趣，而这些幼虫会在树皮上钻洞，损害金合欢，与那些在共生的伪切叶蚁保护下的树丛相比，受到虫害的金合欢往往提前枯萎死亡，难怪金合欢会以颇为麻烦的方式为蚂蚁提供住所。因为仅仅消灭那些天牛幼虫还无法彻底地保护金合欢，除此之外还需要伪切叶蚁，如果那些处于共生关系里的真正的切叶蚁还住在虫菌穴里，那这些假的就不会接近灌木丛。

来自慕尼黑大学的生物学家更为深入地研究了另外一种同样居住在金合欢空心刺里的蚂蚁。他们在2004年7月9日写给媒体的报告中是这样写的:“一棵长着空心刺的金合欢最多能供养13000个保镖。树为保卫部队提供食物和住处，而这支队伍则由不同品种的蚂蚁构成。一支军团驻扎在一棵树上，它们会勇猛地攻击食草动物或者对付那些有竞争关系的植被。……金合欢为这支军团提供全面的后勤供应。这些小昆虫就生活在这种巨大的空心刺里。那些想要建造新巢穴的蚁后也是首先会去寻找还没有蚂蚁居住的金合欢树。找到之后它们会在刺上打一个洞，开始产卵。等这个小团体达到一定的数量，它们就会在同一棵金合欢树上搬到另外的空心刺里去住。金合欢叶子分泌出的营养丰富的蜜露是蚂蚁最重要的糖分来源，在叶尖分泌的这种甜水可以为动物提供蛋白质和脂肪，另外一项功能还不为人所知。蚂蚁和金合欢经过不断的彼此适应，现在已经无法离开对方单独存活。这些蚂蚁具有在金合欢树及周边生活的独特技能，而金合欢树如果没有了保镖也会枯萎，并最终被吃掉或者死亡，因为这个品种的金合欢缺乏其他的防御机制。”

一棵长着空心刺的金合欢最多能供养13000个保镖。树为保卫部队提供食物和住处，而这支队伍则由不同品种的蚂蚁构成。

金合欢要防御的对象可不只哺乳动物，它们总想吃掉那些刚长出来的嫩绿新叶片，可是又害怕那些蚂蚁密密麻麻地爬进它们嘴里咬，同时还会释放出一种酸。其他的保护措施对金合欢来说更为重要：蚂蚁会使用化学成分对这些新叶进行处理，可以防止叶片滋生一种有害的假单胞菌。蚂蚁特别适合去实施这样的化学性保护措施，因为它们在修建巢穴的时候也要防止细菌和真菌的生长和蔓延。不只是它们小小的居所，在金合欢空心刺里的虫菌穴，就连巨大的红褐林蚁修建的巨型巢穴里，如果不是因为蚂蚁的排泄物含有抗菌成分，那巢穴也会很快被细菌侵占，被真菌感染后长满霉菌。这些保护物质甚至还能阻止并非生活在共生关系中的其他种类的蚂蚁接近金合欢树。

蚂蚁与金合欢树这种格外密切的关系，与这种植物的特性有关。金合欢的根部已经与根瘤菌形成了一种共生关系，这种根瘤菌能够吸收空气中的氮元素再进行化学转换，为植物提供氮化物，植物吸收后可以产生更多的蛋白质。而金合欢的叶子因为富含蛋白质，才格外受到食草动物的青睐。与其他的树木和灌木相比，金合欢及其亲缘性植物被食草动物啃食的概率要大得多；而且无论是在东非大草原、中美洲和南美洲的半干旱地区还是在澳大利亚，金合欢都会在某一个区域密集生长。它们不仅构成了风景中的独特形态，也给食草动物提供了更大的进食机会。由金合欢灌木丛构成的森林是一种大自然中的单一种植经济，这也使得它们成为食草动物的关注焦点，迫使金合欢必须采取特别的防范措施，它满身长满很显眼的尖刺，还是挺有效的。要不是亲眼所见，你肯定不会相信，大象能用巨大的牙齿咬下并嚼碎满是硬刺的金合欢枝叶，甚至都无须把刺吐出来。长颈鹿就更厉害了，可以用十分灵活的舌头避开尖刺专门把树叶择出来。蝴蝶的幼虫很容易就能在尖刺之间找到地方爬过去。因此，蚂蚁就是金合欢树最为理想的防卫小助手，堪称“防卫部队”。这些金合欢树会在树叶尖端分泌出富含蛋白质的蜜露（专业名称是贝氏体），作为对蚂蚁的特别奖赏，因为植物本身并不缺乏蛋白质。这种伙伴关系对双方有益，即便它们也必须承受某些损失。例如饥饿的大象有可能会将这些蚂蚁连同它们的住处——那些虫菌穴一起吞下肚去；或者遇上长时间的干旱，金合欢无法长出新的叶子，那蚂蚁就得挨饿；而在极端的生长条件下，金合欢还得形成虫菌穴和堪称美味的蚂蚁蜜露，对它自身来说也是一种巨大的能量消耗。

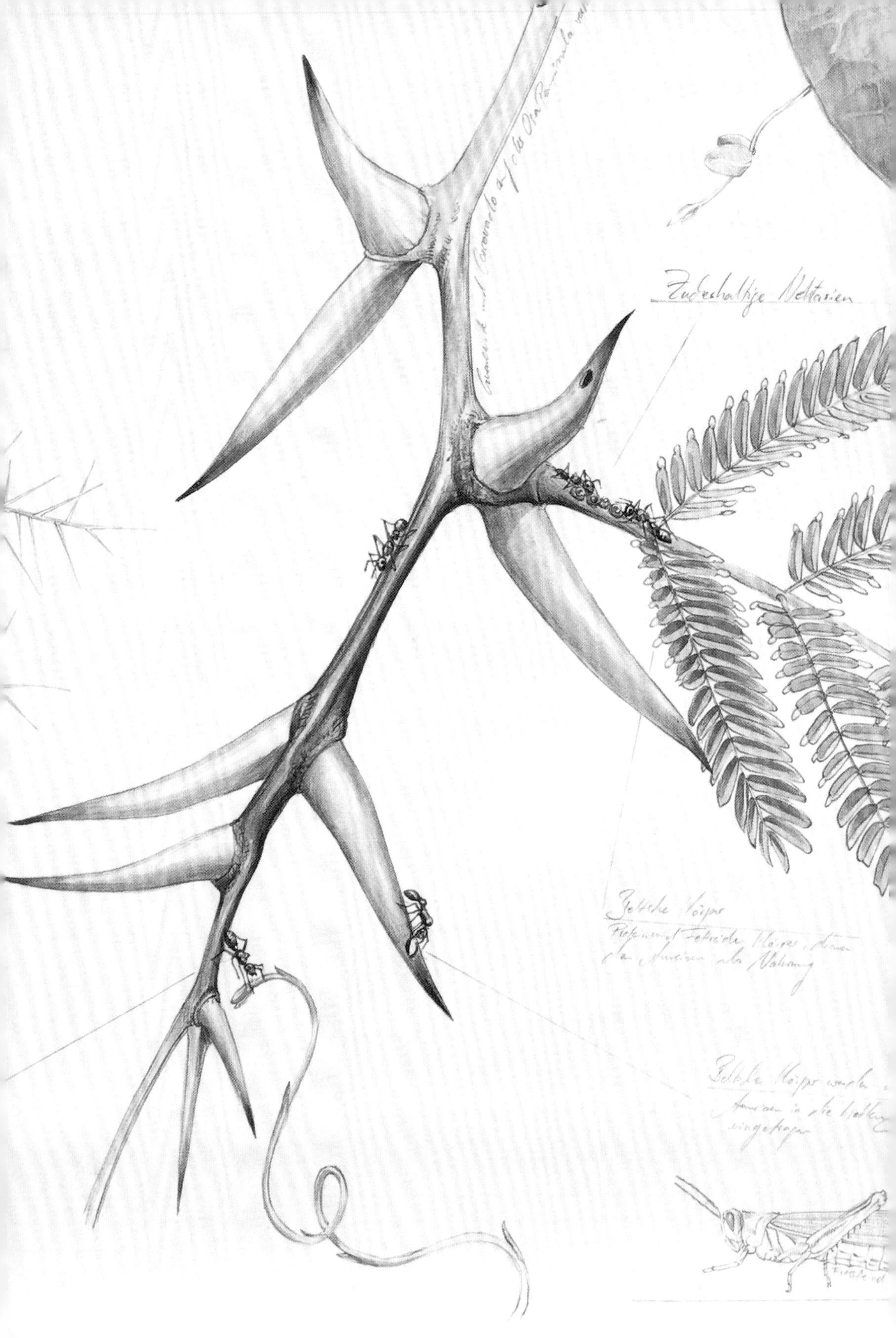
Zuckerhaltige Nektarien

所以如果在较长时间内没有出现来自食草动物的威胁，那么金合欢树也会停止长出新的虫菌穴和被称为贝氏体的营养物质。

这种植物与过敏症患者害怕的豚草没有任何关联。

一些特定植物的根部会与蚂蚁形成其他的共生关系。在根部会长出大致为圆形，足球大小的蚁巢。这些根部会利用蚂蚁不同形式的废弃物。从这个描述就能看出，这种根部的共同居所一定对植物的生长十分有利。请看162页的这张图：图片的中心位置是蚂蚁金合欢或者叫圆头金合欢和它的蚂蚁警卫员。这些刺是空心的，可以作为蚂蚁的住所和育儿室。每一片羽状叶片上都凝结了贝氏体，贝氏体营养丰富且富含蛋白质可以作为蚂蚁的食物。在叶柄基部还有富含糖分，长得像绿色小扁豆一样的蜜腺，让蚂蚁们大快朵颐。在枝干的下端可以看到一只蚂蚁正在清除一截攀缘植物。

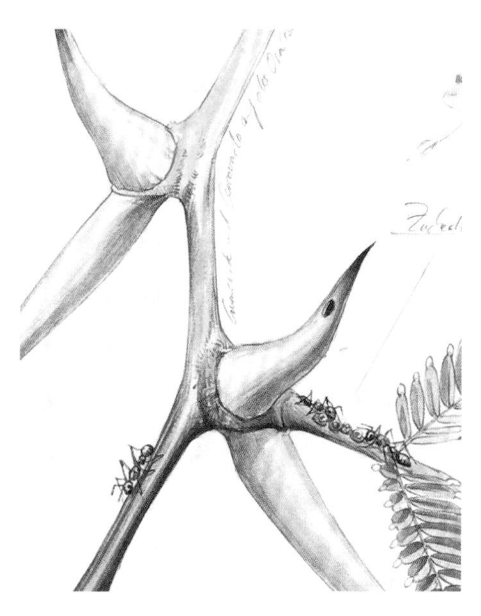

图的左上方可以看到豆荚上爬着一些蚂蚁，下面还画了一株镰荚金合欢（*Acacia drepanolobium*），中间位置上方画着一株青蛙藤（*Dischidia pectinoides*），右侧是贝壳叶眼树莲（*Dischidia collyris*），右下角是细茎蚁巢玉（*Hydnophytum formicarum*）。

就连蚁巢玉这一科的植物也会利用蚂蚁的废弃物，从而更好地为自己提供营养。

蜂鸟、蜜蜂和白皮树介壳虫

16

蜂鸟、蜜蜂和白皮树介壳虫

冬天，在巴西南部山上的森林里发生了一件怪事儿，这里通常就像我们德国冬天的森林一样寂静，只不过在边缘热带地区，大多数的树木到了冬天树叶也不会凋落。寒冷的雾气爬上山坡。南大西洋的云朵带来了水雾，天气潮湿凉爽，就连清晨和夜间吼猴的叫声都没有那么响亮了，很偶尔地能看到几只蝴蝶。雨雾中的水汽凝结成水滴，从树叶尖端不停滑落，尤其是叶面比较大的树叶上滴下来的水尤其多，而这种凝结水的重要性是显而易见的，它能够让覆盖在树叶上数天甚至数周的水汽滴落下来。现在要走进森林，最好穿上一双长筒橡胶靴来隔绝外面的水滴，否则的话，裤子和鞋子都会被打湿。

这时我突然听到了一阵嗡嗡声，还是多声部，似乎来自四面八方，又无法确定具体的位置，让人十分好奇，因为森林里一直都十分安静。我突然看到了空中有什么在急速运动，一瞬间我明白了声音来自何处：一只蜂鸟飞了过去，哦不对，是两只，三只，还有更多。它们飞得可真奇怪！太不同寻常了，简直称得上疯狂，它们就在距离树干几厘米远的地方上上下下地飞舞。森林里光线昏暗，我的眼睛费了挺大的劲儿才能辨认出这些体形微小的鸟，正是它们不停扇动的翅膀发出了嗡嗡的声音。但是平时蜂鸟会突然飞过来又倏地飞走了，而这群蜂鸟却停留在这里不断上上下下地飞舞，像是在玩耍。有时某只蜂鸟会飞去另外一棵树的树干那里，但是立即又回来了，因为那边的蜂鸟驱赶它不让靠近。那些保护树干的蜂鸟真是太令人惊讶了！我心里纳闷，这是怎么回事儿。然后我就发现还有一些体形比蜂鸟还小的小东西也在围着树干飞舞，有些已经着陆，有些还在一边上下飞舞一边寻找落脚点。只有某些树的树干吸引了这些小家伙，这些树干呈灰色，上面有一块块暗黑色斑点。我的视线沿着树干向上移动，看到了树枝上长着羽状树叶。这些树属于金合欢属，更准确的（植物学）定义是含羞草科植物，专业名字叫作Mimosa bracaatinga，它的意思很清楚，无须我做更进一步的解释，它是数量众多的含羞草科家族中的一员，种属名称中的bracaatinga这个词不同寻常。它源自巴西印第安人的语言，意思是“白色树干的”。Tinga是指白色，（bra）caa是指木头或者树干。似乎这个名字也没有透露出很多信息，但我们至少知道当地土著是怎么称呼这个树种的。可尽管树干的某些部分闪着银光，但怎么也算不上是白色呀。树干上大面积覆盖着一层灰黑色看起来有点儿脏的物质，不知道是树皮本身就这样，还是有一层异物粘在树皮外面。为了更仔细地进行观察，我走得更近了一些，显然打扰到了那些蜂鸟，它们发出的嗡嗡声似乎带着一丝怒气，而黄蜂和其他昆虫似乎完全不受打扰，它们继续围着树干忙活着。此刻我终于解开了心中的谜团。原来树干上长出来很多头发丝那么细的白色小管子，几厘米长，有些顶端渗出来一些闪着玻璃光泽的小水滴。黄蜂正在吮吸这些水滴，还有蚂蚁和苍蝇想要分一杯羹，但是它们只能够得着那些被小水滴压弯了的小管子。享用者中也包括蜜蜂。那些因为我过于靠近而受了惊吓的蜂鸟要么飞到其他树干上去碰碰运气，要么就干脆休息一会儿，钻到某个树丛里去了。我又发现了其他一两只这种体形迷你的鸟，它们很难被发现，因为它们的羽毛是绿色或灰色的，在森林里实在是一种很好的保护色，可以看出它们在不知疲倦地舔舐蜜露：它们舔食了几百滴或几千滴从蜡质小管尖端渗出的小水滴，然后再把不能吸收的水分排泄出来。因为这些水滴所含糖分极少，但这些糖分十分重要。它们是甜的，正是这些糖分吸引了蜂鸟、黄蜂、苍蝇和蜜蜂。这些蜡质小管分泌的“蜜露”，真正的制造者其实是生活在这种白皮树树皮中的介壳虫。这种小昆虫长着半圆形的身体，像大头针的圆脑袋那么大。介壳虫通过那些小管子将它们从白皮树树干里吸收的多余的水分排出，而其中的糖分是树叶光合作用的产物。

介壳虫需要的是树干汁液中的氨基酸，在介壳虫体内可以生成它们成长所需的蛋白质，而汁液中所含的数量极少的糖分，它们并不需要，其余的那么多水分就更用不上了。这些介壳虫在吮吸树的导管时不得不将糖分和水分一起吸入，因为只有通过这一种方式可以获得氨基酸。它们就生活在树皮下面，受到了保护的同时空间也异常狭小，但是却无法换一个宽敞的地方生活，可是它们的时间却很宽裕。因为这片巴西的山林位于接近南回归线的地方，所以树干里一直都有汁液流，即便是在冬季。而且在这片亚热带地区，光照充足，气温温和。这些小昆虫吸入蜜露就是因为里面的糖分。为这种排泄物选择了“蜜露”这个浪漫的名称也许是因为想要掩盖一个事实，那就是这种蜜露来自介壳虫，是这种小昆虫分泌了这种“森林蜂蜜”。白皮树上的这些介壳虫粪便与在云杉嫩枝上吸食的蚜虫的排泄物内容相似，只不过后者的颜色更深一些，还有一种特殊的香味。这些排泄物里含有的糖分可以为蜜蜂、黄蜂和其他昆虫以及蜂鸟提供新陈代谢所需的燃料。

显然这种白皮树介壳虫的分泌物营养足够丰富，所以蜂鸟才会不惜耗费体力来做这么久上上下下的“电梯式飞行”。这种独特的飞行方式所耗费的能量是静止时新陈代谢的10倍，是普通飞行姿势的3倍到5倍。仔细观察树干时我就发现，这种蜜露能量源泉真是源源不断地在往外涌出来。树干上密密麻麻都是这种蜡质小管，有些地方的稠密程度甚至堪比一块毛毡。蜂鸟无须像它们吸食花朵上的蜜露一样飞来飞去地寻找和尝试，因为不一定每朵花上都有花蜜，而且花蜜被吸食完之后需要一定的时间才能再分泌出新的来。蜂鸟能看到树皮上的那些蜜露并且轻而易举地舔舐干净，让它们略感不爽的只是同类之间的竞争，所以偶尔会发生激烈的争执，结局是将竞争对手彻底赶走。除了同类之外，蜂鸟还要驱赶体形较大的蝴蝶和大黄蜂，让它们无法靠近。如果某些树干附近已经聚集了大量的蜜蜂，那蜂鸟就不会靠近，它们只能眼睁睁看着蜜蜂获得了这种果汁产品的大部分。而结果就是蜂鸟们会在内部做一个分工，根据介壳虫对树干的侵袭状况由一只或几只蜂鸟“收获”一棵白皮树上的蜜露。

显然这种白皮树介壳虫的分泌物营养足够丰富，所以蜂鸟才会不惜耗费体力来做这么久上上下下的“电梯式飞行”。这种独特的飞行方式所耗费的能量是静止时新陈代谢的10倍。

所有这一切都是生物界的正常食物竞争。不同的使用者都通过各自不同的方式尽可能多地获得介壳虫的蜜露，它们根据自己的能力找到合适的方式。黄蜂和蜜蜂无法保持悬停飞行，对它们而言更好的方法是找到朝着树干弯曲的小管子去吸食，或者去找那些已经滴落下来的蜜露，而长着细细小腿儿和长长吻部的蜂鸟就不会采用这种方法，因为它们飞翔技艺高超，可以悬停飞行，这样要容易得多。至于蜜蜂和黄蜂以及那些不会飞行的蚂蚁加在一起能得到多少蜜露，取决于蜂鸟们有多活跃，以及来的蜂鸟数量是多还是少。这些使用者之间并没有固定的分配比例，因为其他的影响因素还包括天气，准确的日期或者一天中的特定时刻，以及并不总是保持恒定的参与者的总数量。不过有一个效果还是很明确的：蜂鸟吸食的蜜露越多越频繁，滴落到树干表面的蜜露数量就越少。因为蜜露中的糖分一旦滴落到树皮上就会滋生出真菌，构成黑霉层，所以“白色的树干”上就出现了黑色的斑块。因此可以设想，介壳虫借助蜡质小管子排泄出蜜露，尽可能不让蜜露滴落在树皮上，以免污染了它们自己的居住场所，因为树皮上滋生出来的黑霉层会阻碍树皮的呼吸从而最终也将介壳虫杀死，所以它们会借助一个仅有几毫米长的小管子将蜜露输送到树皮外面再排出。不过它们会在开口处制造出一个5厘米到8厘米长的倾斜导管，可以悬挂在树干之外。这个导管足够坚挺，排出蜜露时仅仅是导管的顶端略微朝下倾斜，但是并不会导致整个管子的翻转。这种状态非常有利于蜂鸟与树干保持一定距离悬停在空中，让蜂鸟尽可能多地吸食蜜露。对于介壳虫而言这也是一种最为理想的解决方法，保证它们不会立即被自己分泌的糖水覆盖住。这是一种以使用为前提的共生关系，很多不同的物种参与其中，构成了多方位的竞争关系。

随着欧洲人将西方蜜蜂引入南美洲，这种竞争关系的激烈性也达到了前所未有的强度。正如我们这里的蜜蜂会收集森林里蚜虫的蜜露一样，巴西南部的西方蜜蜂也会相当频繁地采集白皮树介壳虫分泌的蜜露。对于蜂农而言这是一个巨大的成功，在南美洲的冬天植物较少开花的季节，他们不仅能获得一种特殊的蜂蜜，而且他们根本无须想方设法去喂食这些蜜蜂。全年的总收成也会提高。更为重要的是，在白皮树介壳虫这里获取的是一种极为特殊的蜂蜜，包含了白皮树的营养成分和独特风味，在世界市场上这种蜂蜜能卖出好价钱。随着西方蜜蜂的引入，蜂鸟也迎来了一个新的竞争对手，还不清楚蜂鸟对此有何反应。会不会因为这一种重要的冬季食物的短缺造成某些蜂鸟品种总数的减少？或者它们不得不将过冬区域向外推移到南大西洋的沿海地区？那里即使冬天花园里也有很多盛开的花朵。蜂鸟中的一部分早就已经成功完成了从森林山区到海岸线的短途飞行。我们还不清楚，那些留在森林山区的蜂鸟是不是能更早迎来春天，因而它们能够率先占领供它们交尾和孵化的保护区。或者就像我们这里的欧洲知更鸟一样，在数量上很少，等着迎接春天飞回来的大量同类。总之我们缺乏对鸟类冬天的营地最基本的研究。其中最为关键的一点就是第二年春天孵出的幼鸟总数有多少，还有就是返回孵化地区的蜂鸟身体状况如何。

所以白皮树介壳虫与蜂鸟之间的这种共生关系可以在很多基本问

题上给我们一些提示，就连我们所处纬度上最常见的鸟类，这些问题我们都没能找到答案。关于这个主题还要强调一个观点。这种白皮树是含羞草科植物，含羞草科植物和金合欢属的植物都属于植物分类当中的蝶形花和豆目，而它们之中大部分都和根部的根瘤菌构成一种共生关系。因此它们往往比其他种类的植物获得更为充足的氮化物。这就意味着它们含有更多的氨基酸来形成蛋白质，而这一点也吸引了很多使用者，例如白皮树树皮下的介壳虫。所以这并非偶然，介壳虫的大军团以这种树为家，而且迅速繁衍，从而能够产生大量的蜜露。所以根部的共生关系也扩展到与蜂鸟以及蜂蜜，这些蜂蜜已经作为巴西特产销往世界各地。

谜一般的兰花蜂

17
Acanthopus palmatus
Euglossa intersecta
Aglae caerulea
Euglossa mixta
Eulaema mocsaryi
Euglossa piliventris
Melopia azurea
Eulaema bombiformis
Eulaema cingulata
Pollenpakete

谜一般的兰花蜂

蜜蜂对于植物花朵的授粉非常重要，而且也成为非自愿的蜂蜜提供者。很多人知道这一点，但并非所有人都知道。有些人不愿意承认这一点，因为这违背了他们的利益，他们生产和销售的农药在农业中大量使用。因此在下面的讨论中仅仅涉及被人工养殖的用于生产蜂蜜的蜜蜂，而非彼此有着巨大差别，各自有特别适应能力和特点的野蜂。仅仅在德国就有几百种不同的野蜂品种，只有少数专家能区分不同的野蜂。很多野蜂品种的生活方式我们尚未充分了解。在世界各地的认知中，大家都觉得蜜蜂会蜇人，因此都会刻意保持一定距离。或者这种小昆虫会被塑造成可爱的形象，比如动画片里的蜜蜂玛雅。

假如想观察蜜蜂的细节，最好是放大来看，不禁会赞叹它们精致的美丽。不过按照物种保护的规定我们却不能这样做。所有的野蜂品种都被列入了物种保护，尽管它们实际上并未得到任何真正的保护。这项规定其实也阻止了仅有的少数几个对野蜂感兴趣的生物学家对它们展开深入的研究。根据自然保护法的规定，如果要研究在野外生活的不同种类的蜜蜂，必须获得一项特别许可；而讽刺的是，在农业生产中使用致命的杀虫剂却完全不需要任何许可。所以我完全理解为什么生物学家转而去那些地区开展研究工作，那里既没有用荒谬的方式阻止科研，似乎这比使用农药更为可怕，而且他们还能找到一些蜜蜂，那些蜜蜂美得令人惊讶，即使与最漂亮的蝴蝶和甲虫相比也毫不逊色。这些珠宝一样美丽的小生物飞向大自然最美丽的造物——兰花，在阳光照耀下，它们的身体闪着蓝色或绿色的金属光泽，我简直找不到合适的词汇来形容它们的美丽。有机会大家一定要去南美洲亲眼看看这些兰花蜂，它们别名叫盛装蜜蜂还真是有道理啊。不过这种蜜蜂仍然是谜一般的存在，尽管关于这种生物的谜有一些已经被解开。

这到底是一种什么样的蜜蜂？在迄今为止发表的科研文章中描述的将近200个不同品种都属于盛装蜜蜂或者叫兰花蜂（Euglossini），它们属于蜂科，的确与西方蜜蜂有很近的亲缘关系。与西方蜜蜂一样，它们的后腿上长着一个特殊构造，被称为花粉筐。西方蜜蜂中的工蜂从一朵花飞往另一朵花的途中就用花粉筐来保存和运输花粉。直到两个花粉筐都装满了，它们就会飞回蜂房卸货。兰花蜂尽管与同样长着花粉筐的蜜蜂相近，但是它们的行为方式却不一样。雄性兰花蜂的后腿上也有特殊构造的小筐作为收集工具，但是它们采集的并非花粉，而是兰花花朵中的芳香物质，而且还带着这些东西到处飞。很久以来让生物学家感到惊讶的一点是：其他蜜蜂种类中的雄性并不负责采蜜，只是作为雄蜂很短地生存一下，而这些兰花蜂，尤其是其中的雄性，却去寻找既不提供花粉也没有花蜜的兰花。很多兰花都会释放出某种吸引昆虫前来的物质，难道这些雄蜂在兰花那里没有得到任何好处吗？有相当数量的不同兰花品种的确是这样，例如中欧地区生长于阿尔卑斯山北麓的红门兰。这种花会释放出雌性野蜂或雌性黄蜂的性气息，吸引同类的雄性前来与它们误以为的雌性交配（见180页彩图），而其实那只是兰

雄性兰花蜂的后腿上也有特殊构造的小筐作为收集工具，但是它们采集的并非花粉，而是兰花花朵中的芳香物质。

花的一部分——所谓的“唇瓣”。看到这里你也许会猜测，兰花蜂来寻找兰花也是出于同样的原因，但是事实更让人吃惊。

嗅觉非常灵敏的人也许会觉察到兰花的香味很像那些经常造访这些花朵的兰花蜂，很明显这些蜜蜂采集了芳香物质，它们是想借此把自己变成兰花吗？这种想法显得有些荒唐。想要了解更准确的情况就得对这些兰花蜂进行更为频繁和细致的观察。它们真的是给自己“抹香水”。微量化学分析结果证明：这些蜜蜂后腿上的特殊容器里果然装了它们采集的香料，大量不同的芳香元素形成了一种特殊的味道，犹如香水中的一种特殊香型。其中甚至还包含了一种非常微量的臭味元素叫粪臭素，这一点点含量相当于加强剂，让这种令人愉悦（对我们的嗅觉体验而言）的香味更加突出。

雄蜂是想用这种香水来吸引雌性吗？很明显并不是，或者不是它们的直接目的，因为还有更令人感到奇怪的事儿。看起来这些雄蜂是用这种香味画出来几个区域并且很警惕地在这些区域附近巡视，之后在此能观察到雄蜂和雌蜂的交配行为。难道是雄蜂用兰花的香水画出了幽会地点吗？每一种不同的兰花蜂都有自己的特定地点。用“不嫌麻烦”来形容这种特质似乎还不够，这个过程复杂得让人觉得荒诞。可是这种方法却行得通。只是还有一些细节尚未弄清。我们总不能带着探针前往南美洲热带雨林区的某些地点，去检测这里是否被某一种兰花蜂的雄蜂用特殊的混合香氛进行了标记，必须得更仔细地观察这些蜜蜂才行。这些兰花蜂身上闪耀的颜色此时却变成了阻碍因素，它们简直就像绿色、蓝色或金色闪电一样来去迅速。它们喜欢在明亮的阳光下活动，而不是借着傍晚或清晨的微光。它们在地理上的分布也像一个谜。尤其是雄蜂特别闪亮耀眼的那些兰花蜂品种只生活在中美洲和南美洲，也就是我们所说的新热带界。这里生长着很多不同的兰花品种，它们的花都没有花蜜，而是用香味来吸引昆虫。在蜜蜂寻找芳香物质的过程中，那些装在小袋子里的花粉块就沾在了蜜蜂身上。当这些蜜蜂爬上同一个品种的另外一朵兰花时，花粉就会沾在雌蕊上。在这个方面，这些兰花完成授粉的方法跟我们这里的兰花是一样的。问题出在别的地方。在地处热带和亚热带的南美洲不仅有很多种兰花，其中大多数还是很罕见的品种。花粉块的运送必须要准确地按照兰花品种送达。仅仅依靠花朵典型的香味还不够，因为大多数情况下蜜蜂的工作都按照经济原则进行，就是按照正在开花的花朵出现的频率前去采集花粉。那些稀有品种的兰花没办法保证在花粉还新鲜的时候一定能够吸引到蜜蜂前来。

为了保证专门运送的问题，兰花依靠特别的香氛来吸引兰花蜂只专注于一种香型，最好是深深地刻在蜜蜂的记忆里。这一点是如何做到的呢？最常用和最保险的方法是通过雌蜂。因为雄蜂四处找寻的目标是那些“恰好有空”的雌蜂，而它们只在交配的时候才出现，平时无事可做。雌蜂负责繁育后代，它们大多数都单独（离群）生活，或者在一个松散的小组里，不像西方蜜蜂或者很多熊蜂那样生活在蜂群当中。在热带的自然条件下，四季没有明显的差别，全年都有交配繁育的机会，所以那些没有交配过的雌蜂不像德国的雌蜂只在春季某个特定的时期被孵化出来，而且这个时间还总是特别短。雄蜂有几周，甚至几个月的时间和刚刚孵育出来的处女雌蜂交配。所以用香味画出幽会地点来吸引年轻雌蜂这个设想是有一些道理的。也许光有这种标识还不够，守候在求偶地点的雄蜂的动作也发挥了作用。雄蜂通过扇动翅膀散发出不同种类的香味，对于雌蜂来说这就是求偶的信号。用拟人化的表达方式来说：如果一只雄蜂能收集到稀有又好闻的香水，它就获得了生存下去的机会。

而反方意见的论据是：这些雌蜂压根儿就不会飞到雄蜂采集香水的兰花那里去，它又怎么会被这种香水吸引甚至是着迷于此呢？有人猜测，雄蜂往它们从兰花上采集下来的芳香物质里添加了自己的元素，只有通过这种混合才能产生性吸引力。而反方紧接着也许会问：那为什么不直接用自己的味道元素呢？一种可能的回答是：雄蜂自己的性吸引元素会被雌蜂识别出来。那样太容易被人造假，甚至是绝对可以弄虚作假。朝着这个方向继续推论，我们可以这样说：雄蜂不只采集兰花的香味元素，也会收集其他花朵的香味，而且它们并不会搞混。它们携带的香味里最重要的元素还是来自兰花花朵。这两种花的交互作用是开放性的，在必要情况下也可以寻找替代的花。在很多情况下这么做意义重大，因为长期来看能够保证物种的延续。我们做了这么多的思考和猜测，就用这个好玩的例子来结束吧。新的研究成果一定可以带来很多更好的认知。凡是涉及味道，我们人类就不像视觉和听觉领域那么有把握了。一个很有名的例子就是狗狗的嗅觉真是灵敏得像谜一样。

Yuccamotte . Tegeticula yuccasella
Tegeticula yuccasella

丝兰蛾——花就要招蜂引蝶

18

丝兰蛾
——花就要招蜂引蝶

在北美洲西南部生活并非易事，这里夏季白天的气温经常超过40摄氏度，夜间又会骤然变冷。在这片干燥的地区，空气湿度非常低，降水稀少，冬天下雪时大多数时候还没等雪花融化成水就已经汽化。而冬季的夜间气温会降到零摄氏度以下，这就产生了辐射霜。在这个地区生长的植物必须耐干旱不怕炎热，同时还必须耐寒不怕狂风。有3种类型的植物能够适应这里的自然条件：第一是仙人掌，干旱期就像一丛干枯脱水的灌木丛，只有在湿度足够的情况下才有叶子。第二就是龙舌兰属，它们长着坚硬的剑一般的叶子，需要等待很长时间才能迎来一次花期，很多品种的龙舌兰可能需要几十年才能开花。它们的花朵非常繁茂，花茎非常高，能吸引远处的昆虫，风也能把种子吹散到各处。

龙舌兰的亲缘植物丝兰，叶片没有普通的龙舌兰那么肥大、那么厚，但是基本结构很相似。大概它的印第安语名字“玉卡”更为人熟知。北美洲西南部的索诺拉和奇瓦瓦沙漠里也能看到它们的身影，不过它最主要的生长地区还是墨西哥高原。丝兰也需要很长时间才会开花。在欧洲大家经常能看到的丝兰品种是人工培育的，也需要10年时间才能等到它们开花。其剑形叶片浓密呈簇状，在植株中间长出几米高的花序，上面缀满白色铃铛状的花朵。对于园丁来说，见到丝兰开花是一种不常见的独特经历。除了丝兰之外，这里还长着很多不同种属的植物。这些花有一个特殊之处，必须依靠一种小蛾子——丝兰蛾的共同参与，才能结出种子。这是一种独特的参与方式：交配完毕的丝兰蛾会将卵产在丝兰花朵的柱头上，孵化出来的小毛虫会钻进子房，吃掉一部分种子。由雌蛾完成的授粉就等于启动了丝兰种子的形成过程，它用长长的下唇吻管（下颚触须）采集花药上的花粉，再把它们撒在柱头上。花粉粒可以长出花粉管并通过它将雄性柱头与雌性胚珠连到一起。经过这一步授粉之后，丝兰就会长出很多种子，即使蛾子幼虫会吃掉其中的大多数，剩下的种子数量也足够进行传播。如果雄花的花粉没被蛾子带入雌花柱头，那丝兰就无法结出种子。

丝兰蛾是一种小蛾子，当它找到一棵正在盛放的丝兰，就用下唇吻管将花粉柱上的花粉扫起来滚成一个便于运输的小球，它携带着这个花粉球飞去其他开花的丝兰，将花粉抹在雌性柱头上从而让其能够结子。

这种极其特别的授粉形式是如何形成的呢？我们有必要更仔细地观察一下这个过程，而且这个过程在具体实施的细节方面会有很大的差别。丝兰蛾是一种体形很小的蛾子，它的近亲包括大约30种不同种类的蛾子，其幼虫都专门住在花里，以吃花为生。尤其是在干旱地区，依赖丝兰为生的蛾子在这种植物生长周期中的参与程度尤其高。刚从茧子中孵化出来的雌蛾会释放出一种性外激素，附近的雄蛾闻到之后就会飞过来与之交配，之后雌蛾就会去找一棵正在开花的丝兰植株。也许它要飞很长时间才能找到，要看它周边地区有多少恰好正在开花的丝兰。如果它找到了一棵正在盛放的丝兰，还会先认真检查里面是否已经被其他雌蛾产下了卵。之后它就用下唇吻管将花粉柱上的花粉扫起来滚成一个便于运输的小球，它携带着这个花粉球飞去其他开花的丝兰，检查一下，如果子房的3个扇形区域都没有卵，就会产下自己的一窝卵。它还会将携带来的花粉抹在雌花柱头上。

通过这种方式，这只雌蛾就完成了一次交叉授粉，也就是不同花朵之间的花粉传播。最理想的情况是这些花粉来自陌生的花序，最好不是长在附近的丝兰植株。丝兰蛾是有目标地寻找，而不是像寻找花蜜的其他蛾子那样随机遇到一朵花就会停下，它们像西方蜜蜂一样只寻找特定的某种花。在结子的时候，每个子房3个扇形区域内每片都会有200颗种子，而丝兰蛾的幼虫只能吃掉其中的1/10到1/5，所以这个结果对于植物来说肯定是利大于弊的。兰花花瓣还会渗出蜜露，不过丝兰蛾对此不感兴趣，显然这种蜜露是为了转移其他小昆虫的注意力，好让它们不要打扰或是毁掉丝兰蛾的工作。

毛虫会吐丝，做好了变身的准备，然后沿着吐出的丝爬到地面，按照蛾子的不同种类变成形状各异的蛹。等到了合适的季节，天空又开始飘雨，已经长到开花年龄且足够强壮的丝兰开始孕育花朵，这时蛾子就会钻出它们的蛹。之后完成交配的雌蛾会去寻找花朵，从而开启新一轮的生命周期。它们的生命完全依赖于丝兰，而丝兰也同样需要蛾子，即使也会有蜜蜂或者其他昆虫完成授粉，使花朵结出种子。但是它们都不如丝兰蛾这样令人信赖，因为蜜蜂以及其他大部分昆虫都会过于受到天气状况的影响，而恰恰在干旱地区降水往往极不规律。于是丝兰和丝兰蛾之间就形成了一荣俱荣、一损俱损的共生关系。

而在欧洲和亚洲也有一种类似的共生关系，就是无花果树与无花果小蜂，不过它们对地中海沿岸以及中东地区的种植业来说意义并不相同。这种无花果必须在一种特殊的小蜂钻进去产卵之后才能结出果实，雌雄两种无花果必须同时存在，之后才能结出果实。不仅生长在地中海地区的那些我们熟知的无花果树需要这种寄生小蜂来激发果实的形成，而且分布在全球的无花果树，尤其是在热带地区的都是这样。我们人类可以食用的那些品种大部分都不需要小蜂，但也有很多鸟类食用野生无花果，包括南美洲的阿兹特克凤尾绿咬鹃，这种鸟的雄鸟长着绿宝石一般闪亮的羽毛，尾巴上拖着长长的羽毛。它们飞翔的时候尾巴就像婚纱拖尾，呈波浪状，那景象真是令人着迷。这些美丽的鸟儿平时就吃无花果和一种富含脂肪的很小的牛油果。这些甜无花果都要感谢那些身材娇小，只有几毫米长的小蜂。这种共生关系覆盖面极广！作为树木，无花果属于非常成功的植物品种，它们最喜欢生长在干湿分明，有着明显雨季和旱季区别的地区。佛祖释迦牟尼就是在一棵无花果树下冥想并悟道的，不过他并不知道无花果树的秘密，虽然相比于天主教和伊斯兰教，的确是基于冥想的佛教在很早以前就领悟到了自然界各种生命之间的关联，佛教的教义明显不是为了让地球上的生命都臣服于人类。生物学研究传达的讯息并非让我们像大自然中寄生虫似的剥削其他物种，而是推崇共生关系所体现的合作精神。在中古时期，宗教寓言就曾描写过无花果小蜂和丝兰蛾的作用，反而到了“启蒙后”的时代这些关系被贴上了荒谬的标签。

草莓箭毒蛙

19

草莓箭毒蛙

这种艳红色的小青蛙只有2.5厘米长，后腿呈黑色或蓝色。这个品种的青蛙生活在中美洲的热带雨林中，在那里非常普遍，正是因为身上这抹艳丽的红色，它被称为“草莓箭毒蛙”。它的英文名字也是同一个意思，只不过还细心地添加了它的属名——箭毒蛙。而曾经有很长一段时间它的专业名称是拉丁语*Dendrobates pumilio*。最近它又得到了一个新的属名，现在叫*Oophaga pumilio*。这种名称的更迭实在是很麻烦，并不见得每一次更改都对，不过还是显示出对于这些物种之间亲缘关系的认知在不断进步。*Dendrobates* 的意思是“爬树蛙”，草莓箭毒蛙就属于这个大家族，更详细的研究证明“爬树蛙”这个指称范围太大，不够精确。种属关系应该包含那些真正具有很近亲缘关系的物种，它们要尽可能地相似。利用现代分子生物学的研究方法可以针对相似的外表做出比以前更有批判性的判断，另外还可以查明基因方面到底有多大的差异。草莓箭毒蛙被证明和“爬树蛙”的亲缘关系非常远，所以又有了一个新名字叫*Oophaga*。这个名字选得少有的贴切，所以有必要仔细说明一下。因为它的意思是“食卵者”，这个非常恰当的名字表明了草莓箭毒蛙的繁衍方式。而之所以将它选入本书，我是有充分理由的。

这种艳红色的小青蛙生活在中美洲的热带雨林里，它红色的身体与蓝到黑色的后腿以及前腿的外侧都在发出剧毒的信号。就和同一个属的其他箭毒蛙一样，这种警告色是给那些天敌看的。无论是过去还是现在，箭毒蛙的毒素都被涂抹在箭头上，尤其是吹筒箭。早在几千年前中美洲和南美洲的印第安人就掌握了这项技巧并将其主要用于狩猎，不过这种毒素也能杀人，所以一定要注意和这种青蛙保持一定距离，千万不要触碰它的身体。毒性这个特点带来了一项好处，就是它的色彩艳丽迷人，相对而言很容易找到它，而其他那些无毒的蛙类都喜欢将自己隐藏起来以躲避天敌和人类。很多已经发表出来的研究结果看起来并不可信，在这里我简要介绍一下这种箭毒蛙的生命历程。

草莓箭毒蛙在森林地面上寻找有落叶覆盖的潮湿的地点，在降水充沛的季节这样的地方到处都是。雄蛙蹲在附近一个地势低一点儿的地方不停地叫，这叫声听起来更像是昆虫的鸣叫，“巴斯，巴斯……”，是一种难以描述的明亮的声音。它们以叫声来呼唤雌蛙，有点儿像我们这里的树蛙——箭毒蛙的远房亲戚，不过树蛙的叫声更响亮一些。树蛙的繁殖需要尽可能没有鱼的小水池，在我们这边的湖边草地和低洼地带不太容易找到这样的地方。所以树蛙的叫声必须能传得远一些，最好是用合唱的形式来加强。但是在哥斯达黎加或者巴拿马的热带雨林里，地面经常是湿润或有积水的，到处都是落叶，所以箭毒蛙根本不用聚集到某一处地方。每一只雄蛙单独找一个地方更为有利，这样就可以将一窝卵被天敌找到的风险降到最低。热带雨林危机四伏，尤其是在地面上，因为很多地方草木并没有那么繁茂，丛林照片往往会给我们留下一个错误的印象。雄蛙类似昆虫求偶的叫声也是有好处的，那就是不容易被察觉。如果雌蛙有兴趣去找一个交配伙伴，那它肯定能够顺利找到雄蛙。而且热带地区四季更迭并不明显，不像我们这里冬季之后春季十分短暂，所有的物种都必须适应季节更替。

如果这只红色的雄蛙能够吸引来一只雌蛙，那么交配后雌蛙会在地面潮湿的水坑里产下几颗卵，令这一窝卵受精的那只雄蛙则要负责守卫，一直到蝌蚪从卵中孵化出来。之后，繁育后代过程中最令人惊讶的事情就发生了。

雌蛙会把这些蝌蚪一个个地运到积水凤梨上去，这种特殊的凤梨长在热带雨林高大树木的枝杈中间。凤梨卷起一半的叶片里积了雨水就成为一个迷你鱼缸，箭毒蛙就要把蝌蚪运到那里去。这是一项极为艰难的任务，蝌蚪紧紧地贴在母亲后背上，雌蛙奋力地爬上树冠。如果要到达20米的树冠，意味着雌蛙要攀爬的高度是自己身长的2000倍。蝌蚪为什么要被运到这些装着雨水的凤梨叶子里去呢？这样虽然能够远离地面上的天敌，可是它们该如何活下来呢？那里缺乏食物啊，不断注满叶片的雨水里恐怕没有什么能吃的东西吧。不断飘过热带雨林上方的云团带来了充沛的雨水，可是仅仅依靠风和雨，这些蝌蚪是没办法变身为小青蛙的。它们还需要食物，特别是蛋白质，而它们的食物要依靠雌蛙送上来。在蝌蚪发育所需的9周到10周时间里，雌蛙会不停地爬到树冠上来，将未受精的卵下在积水凤梨叶片的小水池里，蝌蚪就吃这些卵，这可真是养育后代的神奇方法啊。这些蝌蚪变成青蛙后再从高空爬回地面，在那里寻找昆虫为食，直到它们长到2厘米长就可以自己繁育后代了。

雌蛙会把这些蝌蚪一个个地运到积水凤梨上去，这种特殊的凤梨长在热带雨林高大树木的枝杈中间。凤梨卷起一半的叶片里积了雨水就成为一个迷你鱼缸。

可能我们心里会有一个疑问：难道就不能简单一点儿，这也搞得太复杂了，犯得上如此大费周章嘛！热带雨林里生命繁茂，真的有必要这样做吗？如果蝌蚪生活在森林潮湿的地面上，雌蛙就可以直接下卵来喂养它们，或者像其他的青蛙品种一样将卵产在某片水域之中让蝌蚪独立生活，毕竟在青蛙和蟾蜍的世界里几百万只小生命都是这样繁衍下来的。我们可能会认为草莓箭毒蛙这种育儿方式有点儿夸张。如果我们并不了解一只小青蛙会在热带雨林里遇到哪些危险，得出这样一个判断未免有些操之过急。而且还有很大可能是我们人类一种错误的判断。如果这种复杂到荒诞的育儿方式并非必需，草莓箭毒蛙是不会平白接受的。

因此我们有必要结合它们的生存环境来分析一下。这种青蛙是有毒的，它们身体显眼的红色发出了有毒的信号。这种毒素来自于它们的食物昆虫，而昆虫的食物是有毒的植物，热带雨林里有大量这样的植物。其他的蛙类或者鸟类都会特意避开有毒的昆虫，箭毒蛙对此却安之若素，还能用毒素来保护自己，至于毒素在箭毒蛙体内的状况，从化学及生理学的角度分析颇为复杂，在这里我们就不涉及更多细节了。你们只要记住两条信息就足够了：这些毒素也会对它们的身体造成负面影响，即便是在可控范围内，它们会限制生成卵的数量不要太多，限制扩大种群总数的能力。不管是蜘蛛或是蝴蝶，或者青蛙、乌龟还是鸟类，无论哪种动物的卵都是一种很有吸引力的食物，因为卵里有动物生长所需的所有养分，更何况还有最恰当的配比混合。在

这种到处都有敌人的生存空间里有两种方法可以避免卵的损失以及随之带来的对繁育后代的负面影响：要么就是大量产卵，这样即便被敌人吃掉一些总还有一定数量的卵能保存下来；或者是卵的数量虽然少，但是尽可能地保护好让它们长大。大量产卵的前提条件是雌蛙有充足的蛋白质饮食保障，因为这是卵的主要组成部分。如果像箭毒蛙这样食物来源紧缺而且有毒，就只能寄希望于通过对窝卵和蝌蚪格外细心的呵护来对抗来自天敌的压力了。草莓箭毒蛙正是这样做的：积水凤梨叶片上的迷你水池几乎避开了所有的天敌，但是这也意味着完全没有适合蝌蚪吃的食物。随着雨水冲刷带来一些植物所需的养分，小水池里也许会有一点儿藻类，但是对于快速长大的蝌蚪而言，这点儿水藻是远远不够的。如果不能迅速长大，随着旱季的到来，凤梨叶片里的水会彻底干掉。雌蛙用自己的卵来抚育后代，意味着它们可以不用那么着急地排卵，以免让自己的身体过于虚弱。就连吃下有毒的昆虫也无法那么快地促进箭毒蛙排卵。不管怎么说，还是要感谢身上这鲜艳的警告色，很好地保护了草莓箭毒蛙，而且在攀爬树木的过程中也没有什么危险。它们在热带雨林中经常现身，这也表明它们的这种繁殖方法是行之有效的。

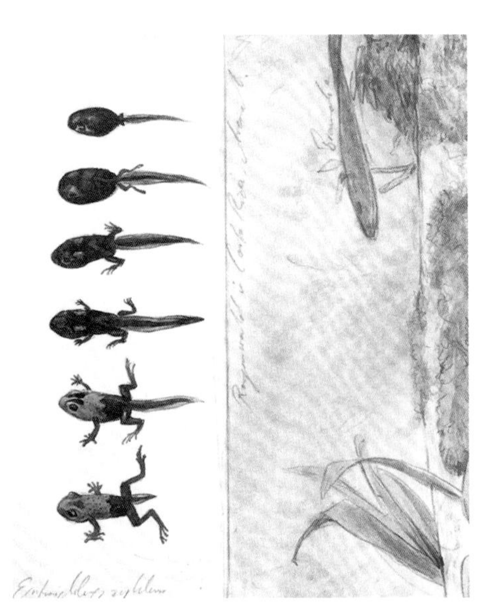

但是这个方法仅限于树上有足够数量积水凤梨的地区，在美洲热带

地区的雨林中并不总是如此，只有哥斯达黎加、巴拿马和几个其他中美洲地区盛产积水凤梨。原因在于从大西洋上吹来的风，特别是信风，携带大量的湿气。山区降水充沛，产生了特殊的湿润的热带气候条件。如果雨水中没有带来磷和钾这样的矿物质，那么凤梨、兰花和蕨类植物就无法在树上生长，虽然那里矿物质含量极少，但是对于根部不接触地面的空中附生植物而言已经足够了。过去几十年的研究成果让我们了解到，不仅这些附生植物依靠风和雨才能生长，还有亚马孙流域的整个热带雨林地区，都要依赖南大西洋上空的信风携带的来自撒哈拉沙漠的尘土。亚马孙雨林地表土壤所含的矿物质都已经渗出，只能作为森林的支撑面。树木只能依靠自己的树冠、根系和与菌类形成的共生关系来获得那些紧缺的矿物质，尽可能维持自己的生长。它们发展出的循环系统里矿物质几乎没有损耗。河水从森林里冲刷走的那部分流失是不可避免的，但是河流最终汇入大西洋，又将矿物质通过信风补充进来。我们在中欧地区的阿尔卑斯山北麓也有类似的循环体系，即便气候条件无法将撒哈拉的尘土吹到我们这里。

新的研究结果表明：积水凤梨让草莓箭毒蛙在自己的叶片上养育蝌蚪，它也能从中受益。这种动物居民的排泄物可以让积水凤梨获得必要的矿物质作为养料。因为前面已经强调过，这些附生植物没有能接触土壤的根系，又不像寄生植物或我们这里常见的槲寄生那种半寄生植物可以通过吮吸根从大树体内吸取它们缺少的养料。积水凤梨用于生长和开花的养料只能从空气中获得，或者是通过叶子里的租户进行补充。从卵到蝌蚪的运输过程对于积水凤梨而言也是一种额外的营养补充，热带雨林里的营养物质就是这么匮乏。这一点，下一节中要讲到的东南亚猪笼草科植物是一个更好的例子。

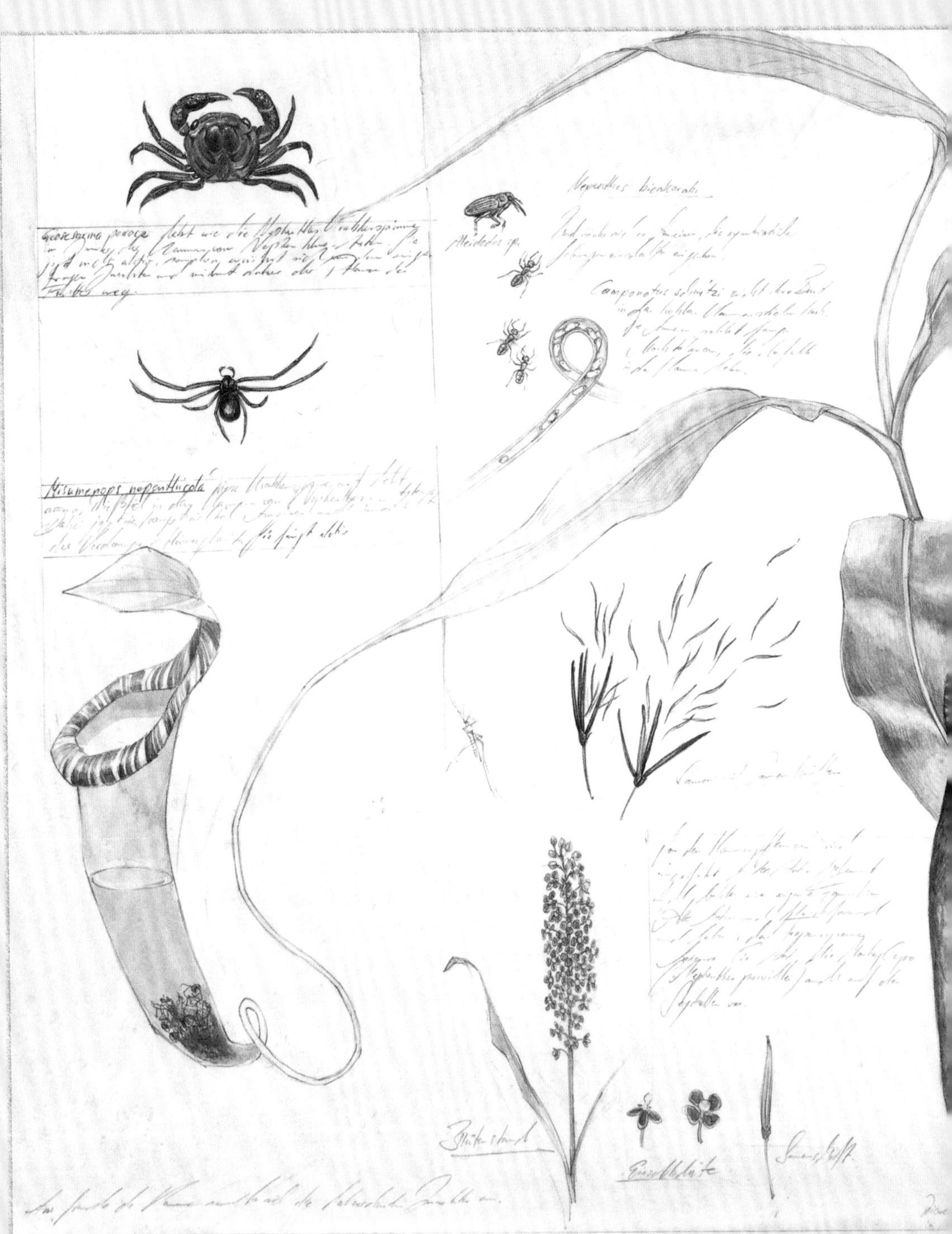
Nepenthes bicalcarata
Camponotus schmitzi
Misumenops nepenthicola

猪笼草

20

Kerivoula hardwickii
MICROHYLA NEPENTHICOLA
NEPENTHES AMPULLARIA
Nepenthes rafflesiana (Nepenthaceae)
Nepenthes lowii

猪笼草

猪笼草科植物的捕虫笼属于植物界最不常见的一种构造，是由树叶变化而来的。它的叶片在生长过程中一开始会长出长短不一的叶柄，然后叶片就会像圆柱体一样卷起来，叶片的底部就变成了捕虫笼的内侧，而没有变形的叶片顶端就形成了一种盖子。捕虫笼会分泌强酸性的水样液体，含有酶，可以溶解和消化滑落进来的昆虫和其他小型动物。这种动物性的额外养料可以满足猪笼草对氮化物的需求。而在东南亚的热带雨林里，猪笼草生活环境中恰恰缺乏这种物质。我们可以将这种捕虫笼理解成一种外挂的胃，它们挂在树上，因为猪笼草科的大多数品种都是藤蔓植物，擅长攀爬，当然也有一些品种是直接长在地面上的。根据目前掌握的情况，猪笼草属包括100多个品种，有些捕虫笼颜色偏红，这样就能在热带雨林的一片绿色之中非常显眼。对于已经掉进去的昆虫而言，这种颜色倒是无关紧要了，因为它们看不到红色。最关键的一点是笼子的边缘特别平，还很光滑，飞落到这个位置的昆虫完全抓不住，就会滑下去，掉进消化液里。这里的酸碱度是3，大概相当于我们胃里进食结束开始进行消化时的环境。这种捕食装置的类型被称作“水壶陷阱”，猪笼草属于亲缘关系并不太密切的食肉植物，其他的捕食装置类型分别是“黏性陷阱”和“翻盖陷阱”。它们形成的原因归根到底还是为了克服氮化物的匮乏，因此这些食肉植物都生长在自然界氮化物非常稀缺的地区，例如沼泽和酸性水域。

在植物上爬来爬去的昆虫应该尽可能地避免掉进这样的黏液，否则就不幸地被溶解和消化掉了。可是猪笼草显然优化了捕虫笼的吸引力，所以总会有足够的猎物掉进来。诱惑和避免滑落的行为在时间的进程中达到了某种平衡，至少在理论上是这样的。基本上有很多证据显示，这种植物猎人和它们的猎物之间在进行一场“进化大赛”。其中就出现了“胜利者”，它们不仅逃脱了这种危险，反而还以某种特别的方式将捕虫笼利用起来。我说的并不是婆罗洲热带雨林里的居民，因为他们偶尔也会喝一口猪笼草里的液体，而是生活在捕虫笼里的那些动物，它们居然没有被消化液溶解。这样的动物有很多，而且各不相同，所以没有办法把它们列在一起综合讲述。

有一种名叫马来吸血鬼蟹的小螃蟹就特别喜欢猪笼草。它是地蟹科的一种，钳子特别红，和螯虾有亲缘关系，它们虽然主要生活在潮湿的河岸和溪流岸边，但是却经常定期拜访苹果猪笼草，去查看一下捕虫笼里是否还有没被完全消化的猎物，如果有的话就把它们捞出来吃掉。显然它们只在捕虫笼里简短停留，所以毫发无损。还有另外一种具有亲缘关系的螃蟹——东马岛吸血鬼蟹也被观察到曾经去拜访猪笼草，也许这个物种经常性地将捕虫笼当作食物的来源，比我们以前了解到的还要频繁。因为苹果猪笼草的捕虫笼经常都在地上，甚至有一半还塞满了干树叶，所以小螃蟹很容易就能爬进去。这些捕虫笼不仅能消化昆虫和蜘蛛类，还可以消化植物性垃圾，所以它们的消化液比其他品种的猪笼草要温和一些。可是不见得每次去偷猎物都能得手，有时候这种小螃蟹也会被一并消化掉。小螃蟹和捕虫笼之间的关系可以说是单方面的，可以称为食物寄生。

和捕虫笼关系密切的还有猪笼草花蛛。这种苍白而略微偏红色的蜘蛛，与在小水池岸边捕食的奇异盗蛛有某些相似之处，不过却属于蟹蛛。它们经常性地生活在几个不同品种的苹果猪笼草里。它们用吐出来的丝，在捕虫笼的内壁编织合适的网，可以支撑住它们的身体，它们就躲在捕虫笼边缘的下面等待滑进来的昆虫。它们还能潜入消化液去捕捉蚊子幼虫，这些幼虫以吃捕虫笼底部已经消化的残渣为生。为了达到目的，花蛛得把这一层物质搅动到上面来，这样它们就能逮住并杀死那些蹦跳起来的孑孓。还有那些掉进陷阱里来的编织蚁也会成为它们的猎物，它们早就被捕虫笼分泌的液体麻醉了。如果是在捕虫笼的外面狭路相逢，花蛛可打不过这种抵抗力很强的蚂蚁。孑孓可以在消化液里毫无问题地存活，那些时不时补充喷涌出来的有机物材料对它们有益。它们的入住其实是一种寄生的过渡形式，它们直接吃掉植物捕获的猎物，再发展成一种共生关系。因为孑孓幼虫消化完的排泄物，植物更容易吸收，为自己提供养分。它们需要的只是含有氮的化合物，而并非那些小动物本身。

蝙蝠不仅会在白天躲进捕虫笼里休息，它们还会将粪便排泄在此。而这些排泄物含有植物缺少的氮化物。

有一种叫猪笼草姬蛙的小青蛙，也叫“侏儒叶蛙”，属于世界上体形最小的青蛙，在互联网上和专业文章里都能找到它的名字。这种迷你蛙的身长不超过1厘米，就生活在婆罗洲苹果猪笼草的捕虫笼里。说得更确切一点儿就是：母青蛙会将卵产在捕虫笼里。破卵而出的小蝌蚪掉进笼子底部的“水”里，生长虽然缓慢，但是却不会被消化掉，而是长成迷你蛙。它们就吃捕虫笼液体里的食物颗粒，青蛙卵的胶体里包含的有机物质也会一起进入捕虫笼，而小蝌蚪也能帮助消灭昆虫残渣。它们的排泄物是消化过的，更有利于猪笼草吸收养料。所以说这些租住者也带来了一些好处。

住在猪笼草茎秆里的象鼻虫压根儿就没啥用处。不过，也许它们对生活在苹果猪笼草，特别是二齿猪笼草茎秆空洞里的弓背蚁有利，这些蚂蚁吃捕虫笼外沿分泌出的花蜜。一般情况下，这种花蜜是为了引诱昆虫来吸食的时候掉进捕虫笼里去。这种与木蚁有亲缘关系的弓背蚁会去打捞这些被捕获的昆虫，甚至不惜为了达到目的潜入捕虫笼的液体里面去。它们的行为证明了它们是十足的食物寄生虫，就像生活在植物旁边或者植物身体里的其他蚂蚁一样，这种“同居小伙伴”的优点就在于能够击退更加有害的昆虫，所以在这种情况下也的确算是一种共生关系。

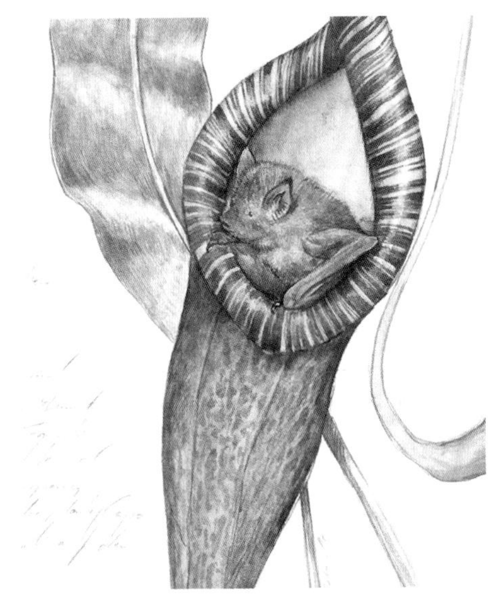

插图的主角，这只蹲在捕虫笼里往外看的蝙蝠，毫无疑问和猪笼草建成了一种共生关系。这种哈氏彩蝠会利用好几个不同品种的苹果猪笼草的捕虫笼，尤其喜欢将赫姆斯利猪笼草作为白天休息的地方。这样在白天它们就能很好地保护自己，捕虫笼里很潮湿，是对它们有利的微环境，等夜幕降临之后，它们就会活跃起来，出去捕猎昆虫。而白天大部分昆虫都在路上奔忙，它们正是捕虫笼最上端分泌物和捕虫笼最想诱惑进来的目标，所以这段时间捕虫笼被蝙蝠霸占着，似乎对于植物来说是最为不利的，不过我们人类的这种印象很不幸又是错误的。这种安排对植物非常有利，因为蝙蝠并不仅仅把这里当成休息场所，它们还会在此排泄，而这种排泄物正好富含植物缺乏的氮化物，而且这种氮化物的构成方式又正好是捕虫笼的内壁可以直接吸收的。最终效果就是蝙蝠帮着猪笼草收集了富含蛋白质的昆虫，这才是一种实现了真正互惠关系的共生。最新科研成果表明，蝙蝠最重要的一点就是找到正确的捕虫笼作为休息场所。如果赫姆斯利猪笼草的数量太稀少，哈氏彩蝠就得去寻找另外一种二齿猪笼草作为替代物，这种猪笼草就算是已经死了，但是因为植株很坚挺，捕虫笼仍然能用。而活着的二齿猪笼草则不适合入住，因为它们的消化液总是很满，都要溢出来了。如果是这样的情况，蝙蝠的排泄物对于已经死去的猪笼草就没什么用处了，而且这里也不能很好地抵抗白天的炎热，也无法产生对蝙蝠有利的潮湿环境，因为这里白天的温度在30摄氏度以上，因此一定的湿度对蝙蝠而言是必要的，否则它们的身体会被晒干，所以只有在迫不得已的情况下蝙蝠才凑合用一下死去的猪笼草。

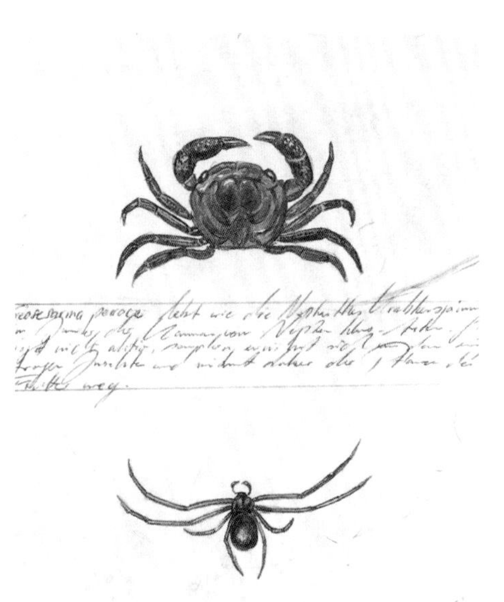

蝙蝠的粪便之所以如此重要，是源于猪笼草针对哺乳动物进行的另外一种适应性演化，参与者分别是树鼩和劳氏猪笼草。这种猪笼草

捕虫笼盖子朝下弯曲的那一面含有一种树鼩非常喜欢的物质，简直称得上是爱得发狂，可是它吃完之后会拉肚子，而且是吃完就拉，这样一来，它的排泄物就直接掉落在捕虫笼里了，简直就像“施肥”一样。因为树鼩是蹲在捕虫笼最上端的边沿上，根据它舔舐盖子的姿势不同，排泄物要么是直接掉进捕虫笼，要么是落在外面。树鼩不想弄湿自己毛茸茸的大尾巴，因为它在表示自己的骚动状态时需要竖起尾巴上的毛，所以它的排泄物经常会直接落入捕虫笼里。

体形很小的白蚁（见彩色大插图中间位置）也会以相似的方式被捕虫笼边缘的分泌物吸引，不过诱惑往往会带来厄运，它们会掉进捕虫笼被消化掉。

猪笼草身上体现出动物与食肉植物之间相互矛盾的“兴趣”，而最终也会发展出差别很大的生存关系。有的是直接“分食”捕虫笼的猎物，这是一种食物寄生；有的是植物能得到一些好处，但是能移动的动物明显获利更多，一直到在我们眼中非常奇怪的共生方式如蝙蝠和树鼩，关键点就是它们的粪便。共生关系不容易达到，它们不会凭空出现，因为结果要对双方都有利才行。要想最终达到这样的效果，都是事后才能发现，要经过几千年或者几百万年的结构（形式）进化、物质（化学）和行为的进化。进化并不是为了达到某种目的而启动的进程，进化的发展一开始并没有设定什么特定目标。所有的改变都是毫无例外，不加削弱地立即进行，而不是发生在未来的某个时刻。这么多并不完美的共生关系却可以存续下来，这恰恰体现了进化的基本原则。比如说生命早期的古老共生关系是那么完美，发展得是如此和谐，甚至现代研究方法都很难识别出到底是哪几种千差万别的生活方式组合在一起。

巨花魔芋——世界上最大的花如何吸引甲虫？

巨花魔芋
——世界上最大的花如何吸引甲虫？

你可能会认为这种植物之所以得名“巨花魔芋”，是源于它巨大的根部，但其实是因为它巨大的花朵，最高纪录是3米多，真的是像巨人一样。其花萼呈一种深紫色，夹杂着褐色和红色，边缘朝外隆起，中间高高竖立的是花序，拉丁文名称里的“*Amorphophallus*”指的就是花朵的花序，意思是“没有形状的阳具崇拜”，这个名字起得可真不怎么样。这个属的植物包含了200多个不同的品种，其花朵形状也是大相径庭，不过没有一种能开出巨花魔芋这么大的花，所以这个物种的名字叫泰坦（*titianum*，意思是巨人），你会发现这种植物曾经多次打破世界纪录。

巨花魔芋属于天南星科，就是我们常见的斑叶疆南星的巨人版。斑叶疆南星在春季的4月底到5月中旬开花，往往长在河滩树林或者其他比较潮湿的森林里。它不太容易被人发现，因为其花苞外面的叶子是白绿相间的，包裹着一个纸袋状、呈深红色的细长花萼，它从位于底部的花序上高高挺立着。我们在春天绿色的森林里不太容易发现这样的花朵。它的花序会散发出一股腐肉的味道，用于吸引小昆虫，特别是毛蠓。小昆虫在降落的过程中就会滑进像一个大气泡形状的花朵下半部，形似捕鸟笼的外环一圈长着猪鬃一样又粗又硬的突起物（“毛发”），用来阻止昆虫再次爬出来。花序上雄性部分的花粉均匀地沾在昆虫身上之后，它们才能够再次爬出去。外环是由无生殖能力的花构成的，它们也并不是真正的毛发，而是很多植物茎秆和叶子上带的那种茸毛。等到雄花成熟了，喷射出花粉，这些关闭的外环就会打开。小昆虫们就可以逃出去了；不过等到下一朵斑叶疆南星开花的时候，它们又会禁不住诱惑。一旦被捉住一回，它们就会将花粉带到已经可以受粉的雌花柱头那里。因为雌花比雄花更早成熟。几个月后，佛焰苞早就枯萎了，盛夏的时候就会结出亮闪闪的红色莓果。尽管看上去十分诱人，但是这种果实有毒，人是不能食用的。这时候鸟就来了，吃掉了这些莓果，鸟的粪便又会把种子带到河滩树林里的其他地方。掌握天南星科植物的花朵特性可以帮助我们更好地了解巨花魔芋，因为它的成长过程和斑叶疆南星差不多。

巨花魔芋生长在印度尼西亚苏门答腊岛上的热带雨林里。潮湿的热带就是天南星科植物的故乡，只有少数几个品种适应了热带以外地区的自然环境。在我们所处的中欧地区只有一个品种，就是斑叶疆南星。地中海地区生长着20多种，分布在不同的地理区域内。其中一个品种叫龙形黑海芋，又名伏都百合，花朵的高度也能达到1.5米，也挺壮观的。它又长又尖的花序像舌头一样挺立在紫褐色丝绒质地的花萼上，因此也获得了“蛇形百合”这个别名。所有天南星科植物都遵循同一个原则：它的花朵其实是一个水壶形的陷阱，腐肉般的气味引诱小昆虫，紧接着把它们囚禁起来，之后再完成授粉。尤其特别的一点是，它们大多数都在一般的花期以外以一种特别的方式开花。伏都百合在万物萌发的初春时节就会张开“长舌头的大嘴”，这样可以让受到诱惑的小昆虫顺利飞进去。只有当地下的球状根储存了足够多的养料之后，才能形成花朵，因为花朵长成的过程中比叶片需要更多的养料，甚至这株植物要用好几年的时间来收集储备的养料。有些天南星科植物在开花的时候并不是同时长出叶片，巨花魔芋花和叶的情况就更加极端了。它每年才能长出一片叶子，有时候需要更长时间，从12个月到20个月不等，这片叶子能长得像一棵树那么高，过了一段时间叶子就会死去，它包含的物质会被地下的球茎吸收。这个球茎长呀长呀，几年后甚至能超过100千克重，可是在20千克以下的时候，巨花魔芋是没办法开出花来的。等到这个球茎终于足够大了，就会长出一根光秃秃的粗树干来，完全没有任何树杈。随着它越来越高，树干的肚子会鼓起来。下面部分的外皮仍然是绿色，而上半部分会变成向外凸起来的一个花序，呈深紫色，花萼打开后形成钟形的一个杯子，而花序会继续向上生长，最终达到两三米的高度。如果这一株开花的巨花魔芋是种在一个封闭的温室里，可能就会出现一个大麻烦，因为它会散发出一种恶臭。

如果这一株开花的巨花魔芋是种在一个封闭的温室里，可能就会出现一个大麻烦，因为它会散发出一种恶臭。

在苏门答腊岛的热带雨林里，这种恶臭招来的不是纤细的蚊子或者苍蝇，而是巨大的埋葬虫（葬甲科）。如果巨花魔芋身处非热带雨林地区的某个花园里，那散发这种味道也是白费劲儿。而在热带雨林里，甲虫会飞过来，还会在空中相撞，然后掉进那个漏斗形的花萼里，它就像一个巨大的收集容器一样。会有成群结队的小甲虫身上被喷上花粉，然后再传到雌花的柱头上去。

这些花朵除了能给昆虫提供一个温暖的过夜场所，因而也有与同类交配的可能性，除此之外似乎并不能带给昆虫更多的好处。与我们这儿春天森林里的斑叶疆南星一样，在花序的底部，雄花（上面一层）

和雌花（下面一层）是分开长的，而且它们成熟的时间有明显的差异，雌花率先成熟，然后才是雄花。这样一来，如果雌花很容易受粉，也不会获得同一朵花雄花的花粉，通过这种方式大大提高了异花授粉的可能性。因此应该让同一片区域的巨花魔芋尽可能多地同时开花，只有这样才能保证异花授粉所需的花粉交换能够成功，可在生物学上，这一点存在巨大的不确定性。甲虫也在帮忙，它们没有注意到自己被假的腐肉味道给骗了，因为它们并没有在大漏斗里找到动物的尸体，于是又飞走了——飞去另外一个巨型的花序。

发挥作用的还有巨花魔芋的另外一个特殊之处：它的花序能够以纯化学方式产生热量。在夜间，花朵的温度明显比周边环境高，而苏门答腊岛的热带雨林里基本上又冷又潮，这种发热现象最大的可能也是为了吸引小昆虫。有人在巴西测量了与巨花魔芋有亲缘关系的其他天南星科植物，这种现象已经得到了证实。而且不管怎么说，发热也会扩大腐肉味道的散发范围，加热后的花序等于是将这种味道给汽化了。虽然这是一种非常复杂的化学成分造成的暂时性的味道，只是对它进行了轻微的汽化，可是在夜间的热带雨林没有风的情况下，这种做法还是会有所帮助。当热带风暴肆虐，暴雨如注，随之而来的降温也会降低这种加热效果。在这

种情况下，诱惑行动就只好宣告失败了。这种臭味来自硫化物，二甲基二硫、腐胺、腐尸气。假如我们觉得这是一种令人喜欢的味道并将其制成香水，那可就真是“重口味”了。其实即便是真正的腐尸，在没有风的情况下，想把由类似化学元素构成的气味散发出去也并不容易，因为在天然的热带雨林里极少刮风，而且即便有风也很微弱，气味只能在很近的区域内传播。不过也有一些逐臭的高手，某些味道即使浓度很低，也会有昆虫从几公里以外的地方循着味道找寻过来。有些苍蝇就是这样，比如丽蝇，还有埋葬虫。后者更适合巨花魔芋，因为丽蝇夜间要休息，而埋葬虫却在夜里出来寻找小型动物的尸体。

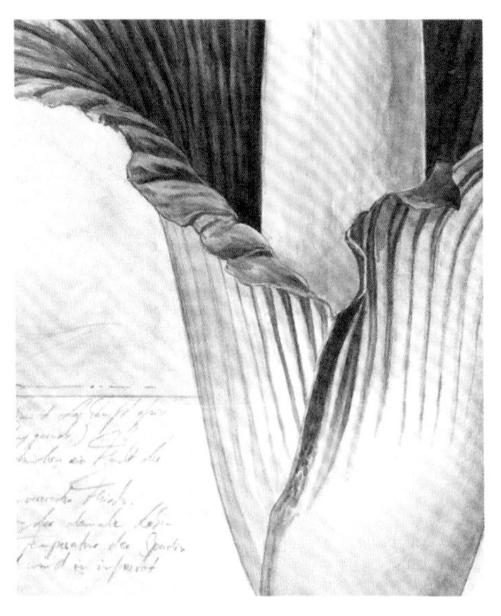

从温室养殖的经验来看，巨花魔芋的花期很不规律，而且要养很多年才能开花。在全天然环境下，这种不规律的花期也是一种特别现象，至于人工养殖在多大程度上能够改变这种现象，还不得而知。不过可以肯定的一点是，就算在自然环境里，等到球根长到能开花的程度，也要等待很多年。巨花魔芋生长的土壤非常贫瘠，有可能植物园里的巨花魔芋比苏门答腊岛上的开花还更频繁一些。至今专家们也没搞清楚，那些单株生长或者聚集生长的巨花魔芋以何种方式获悉什么时候自己应该开花。在北美洲大陆西南部的荒漠地区生长的王兰是逢下雨就开花，但是巨花魔芋肯定不是这样的。

巨花魔芋的花期也很有可能本来就不同步。为此甲虫可谓功不可没，它们体形够大又健壮，活的时间也足够长，可以飞很远的距离，能够找到其他正在开放的花朵。巨花魔芋的花如果还没有授粉和受精，花朵就会再开久一点儿。这个特征与兰花相似，兰花也面对同样的问题：它们开得零零星星，彼此相距较远。也许兰花附近恰好还有同一个品种的花正在开放，运气不好的时候就没有。曾经到访过花朵的小昆虫们必须活得足够久，飞得尽可能远，才能充分保障花粉囊的传播。因为我们这里不会有那么多昆虫来授粉，所以大部分兰花，尤其是花朵很大的那种，就能常开不败。

如果授粉过程结束，巨花魔芋就会很快枯萎，腐肉的气味随之消失，构成大漏斗的苞叶也凋谢了，很多人觉得看起来伤风败俗的那个巨型花序也塌了。不过如果没有昆虫来完成授粉的话，它会更快坍塌，3天之后连花朵也放弃了，很明显植株的能量储备已经用完，为了实现“自发热”把能量燃尽了。这背后还有一个更为重要的原因：如果在花朵盛开之后的头几个夜晚都没能完成授粉，就说明附近没有其他的巨花魔芋正在开放。如果有的话，甲虫一定能够以合适的方式和数量飞抵目标。如果它们没有带来其他巨花魔芋的花粉，那么授粉就无法完成，那就说明这株花挑选的开花时间是错误的。不过这次尝试也不能说是完全失败了，因为毕竟不需要结出果实，所以这部分储存能量可以被球茎再次吸收——以便完成下一次尝试。

成功受粉之后，随着花朵的凋谢就会开始结果，在花序的最低端结出密密的一层巨大的果实。橙色的莓果在8个月的时间里逐渐成熟，之后这一株巨花魔芋的生命就真正走到了尽头，球茎的能量已经彻底

Spadix

in Sumatra.

JOHANN BRANDSTETTER

用尽。那些莓果如果在别处落入土中，就会长出新的植株来。不过这个过程要依赖动物完成，播撒得越远，效果就越好。因此可以说世界上最大的花在双重意义上依赖共生关系。在为花朵授粉方面尤其需要埋葬虫的帮助，而成熟后的莓果的播撒则要依赖体形大一点儿的鸟，或者还有小型哺乳动物，它们往往会在森林里的地面上寻找莓果和其他果实。虽然有一些细节到现在还没搞清楚，巨花魔芋的一生也已经足够让人惊叹的了。

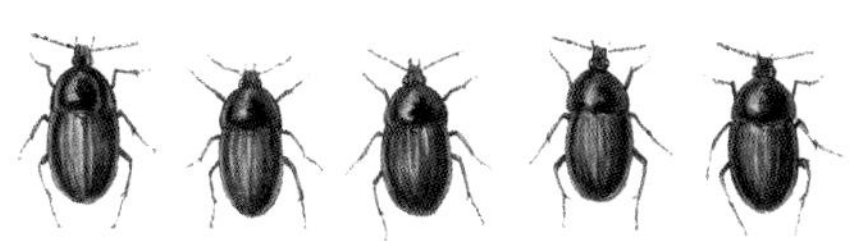

斑克木——一种奇怪的树

22

斑克木
——一种奇怪的树

澳大利亚的大自然与众不同，与其他几个大陆的差别非常大，所以欧洲人首次来到这个位于南太平洋里的岛屿上时，实在很难为那些动植物找到一个合适的名字。只要看到某种动物在外形上与欧洲的动物有一点儿相似之处，而且是哺乳动物，那就给名字里加上一个“有袋”。这个办法倒是行得通，因为，除了蝙蝠、狐蝠和那些下蛋的哺乳动物之外，所有原产澳大利亚的哺乳动物都属于有袋类。或者欧洲人就用从原住民那里听来的名字来命名，例如袋鼠或者考拉都保留了原来的发音。很多动植物也会有科学名称，而且慢慢也进入了日常语言，那是实在没有别的办法了。这幅插图里的主角——斑克木就是这种情况，它是大约90种斑克木中的一员，这个名字是为了向植物学家约瑟夫·班克斯致敬，之后在日常用语里也沿用了这种叫法。这种树只生长在澳大利亚和相邻的塔斯马尼亚。

斑克木开花之后，吸引了一只黄袋鼩，它在花序上翻转腾挪，津津有味地进食，另外还有一种黄翅澳蜜鸟也被吸引而来，它的拉丁语名字（*Phylidonyris novaehollandiae*）里还保留了澳大利亚的旧称“新荷兰”。吸蜜鸟科包含180个种，只生活在澳大利亚、新几内亚以及西南太平洋里相邻的几个岛屿上。它们在澳大利亚呈现出一种与非洲、南亚和东南亚的太阳鸟差不多的发展轨迹。黄袋鼩的德语名字里虽然带着一个鼠字，但它可不是老鼠，而是一种长得像老鼠的有袋类动物，在整个动物发展史上看，它们和老鼠之间的差异比人类与老鼠的差异还要大。斑克木属于山龙眼科，这一科最有名的植物就是海神花（海神花属的植物能开出非常漂亮的大花）。这种原产澳大利亚的植物在非洲最南端还有几个亲属，它们来自地球最古老的年代，那时非洲南部、澳大利亚和南极周围地区还连在一起。从地球史上来说斑克木是非常古老的一种植物，其花朵的构造十分简单，但是作用却非比寻常，因为它的花序是刷子状的。黄色或者红色的花朵吸引了喜欢黄色的昆虫和能看得到红色的小鸟，而香味则吸引了袋鼩，这个组合就很有特点了。

对斑克木的花感兴趣的小动物和其他大陆上的花朵拜访者都一样。从我们以欧洲为中心的视角来看，澳大利亚这些物种就相当于我们平日里熟悉的那些物种。科学上将其称为“趋同现象”，也就是说没有亲缘关系的物种在发展的过程中展现出类似的生活方式。斑克木的花朵是很多鸟类都喜欢的，例如非洲的太阳鸟、南美洲的蜂鸟、新几内亚和菲律宾的啄花鸟、印度的绣眼鸟还有其他几种迷你小鸟。非洲的太阳鸟和澳大利亚的吸蜜鸟在外形上极为相似。斑克木上的黄袋鼩很好地展示了毫无亲缘关系的物种之间的相似性，因为我们仅从外形来看很容易会误以为它就是真正的小家鼠。而且在历史上有很长一段时间我们的确把这两个物种搞混了，直到发现它们的繁殖方式完全不同，黄袋鼩会把幼崽装在袋子里。

澳大利亚的蝴蝶身上也展现出和我们这里的动物有很大的相似性。图片上的红环斑彩蝶看起来和我们这里在花间飞舞的蝴蝶很像，它们也在寻找可吸食的花蜜。这些蝴蝶的幼虫没有必要吃斑克木的树叶，其实，它们是以槲寄生为食的，因为在澳大利亚有很多个不同品种的槲寄生，而且比在欧洲的分布更为广泛。

220页左上角的这张小地图是为了展示澳大利亚的物种多样性主要体现在该岛屿大陆的边缘地带，而并非大陆干燥的中心地带，这里虽然被称为“死亡心脏”，其实降水非常充沛。可是，除了少数几个区域以外，全年和每个月的降水分配并不平均，甚至可能连续几十年都干旱，或者短期内就出现了洪水，在大陆中心地带甚至出现了巨大的浅湖。与其他几个大陆的自然条件相比，澳大利亚最为特殊的一点，就是在如此之大的土地面积上其气候一直难以预测。可是无论我们人类是否喜欢，缺乏降雨和降水大幅度的上下波动都更有利于生物多样性，澳大利亚的鸟类品种数量是欧洲的两倍。尽管作为大陆，澳大利亚的地质构造比较单一，欧洲在气候方面和澳大利亚比较类似的南部地区则格外崎岖多山。一般而言，地形多样性有利于生物多样性，不过澳大利亚的生物多样性比欧洲强得多，尤其是爬行动物、蝴蝶和其他昆虫。

这些迹象都表明，欧洲这个“旧世界”和澳大利亚大自然丰富的生物多样性之间出现了趋同现象。按照这个标准，澳大利亚大陆上一定有丰富多样和引人注意的共生现象。花朵与花朵访问者代表了一种不可替代的相互作用，斑克木与黄袋鼩和吸蜜鸟就是一个典型的例子。

花朵与花朵访问者代表了一种不可替代的相互作用，斑克木与黄袋鼩和吸蜜鸟就是一个典型的例子。

不过这也是一种普遍现象，因为只要有花开放，就会出现花朵与昆虫或者小鸟的这种依存关系。如果这种关系没有什么特别之处，那就不值一提了。斑克木的花朵像柔光闪烁的火焰，一定隐藏着什么奥秘：它就是科学家口中的耐火植物。这个专业名称表明：这一类植物的成长，尤其是繁殖，要借助于以自然方式出现的火。在漫长的干旱期，澳大利亚开阔的区域地面上积攒了很多的植物性垃圾。因为缺少水，那些树叶、干枯的树枝或者其他的植物部位无法降解为腐殖质。

地面的菌类、细菌和地下的小动物都需要水，不然它们都无法活跃起来。可燃物质就这样堆积起来了，它们直接堆在小灌木和亚灌木的根部，因为已经干枯的植物很少会被强风或者暴风雨刮走。不知道什么时候它们会被闪电击中，灌木丛就燃烧起来，火势蔓延到整个干透了的地区，点燃了一切可燃物。里面包含的物质变成了灰（矿物质化），土地表层或多或少地被碱化，适合新的植物生长起来。

草木灰本身就是肥料，之前的毁灭无形中也是天然的施肥过程。有些植株树皮很厚，还有柔弱的树叶保护着新生的蓓蕾，它们能够挺过火灾，这样的植物适合生长在经常发生灌木着火的地区，而那些虽然有耐火性但是却不能忍受较长时间干旱的植物就挺不过来了。经过烈火和干旱洗礼还能存活下来的就是比较特别的植物了，其中就包括斑克木，所以它的等级是“耐火植物”。不过如果火焰温度太高，或者燃烧的时间比较长，也会有很多斑克木死去。可是灌木火灾却给它们的种子带来了生机，因为种子外面包裹着一层耐火的果荚，在灌木燃烧的火焰熄灭之后才会炸开，将种子崩出来。如果那之后再赶上有一场降雨——而火灾过后往往喜欢下雨，因为火灾是由闪电引发的，而乌云会带来雷雨——那么种子就能发芽，在完全没有竞争对手的情况下，从施了草木灰肥料的土壤里茁壮成长。之后会有很长时间，大约很多年，才会再次出现闪电引发火灾的情况。以这种方式，同一个种类的耐火植物就会逐渐形成一定的规模。像斑克木这样的植物，花朵和授粉的拜访者形成的共生关系需要依靠大自然的一场火来持续。种子虽然可以在果荚里等待很久，但也不是完全没有时间限制的。它们需要大火来释放自己。

在4万年前，澳大利亚原住民的祖先从东南亚出发，到达了这片岛屿大陆，从此以后，人类肯定在很大程度上改变了澳大利亚的天然火灾。他们迁居于此之后，此前生活在这里的大型动物先来了一拨绝种，包括澳大利亚曾有过的一种像狮子的猛兽——袋狮。为了吃肉，澳大利亚原住民猎杀一切野兽，有些体形比较大的野兽直接就灭绝了，而其他那些灭绝的动物，也许其中大多数是没办法适应变化了的生存条件。因为澳大利亚原住民会放火开荒，放火烧掉灌木丛是这些人活下去的策略，可是这种人为火灾之后又不会下雨。很多发现表明，澳大利亚因此变得比以前干燥很多，这绝不是大自然造成的。而耐火植物和与之有关的动物种群则因此得到了很大的发展，这其中恐怕也有斑克木。有可能是人类对这种共生关系产生了影响并且使之更加稳固了。有一点是十分肯定的，那就是在澳大利亚原住民猎杀有袋动物之前，澳大利亚的大自然并非现在这样。4万年前原住民介入之后，大约200年前还发生了一次影响更大的骤变：澳大利亚成为了欧洲的殖民地。历史学家阿尔弗雷德·克罗斯比曾经非常准确地做出过这样的论断：澳大利亚被变成了一个新的欧洲。澳大利亚大自然原始的面貌仅在气候极端的地区以不太完整的形态被保留下来。从此以后，绵羊、小麦以及其他欧洲动植物品种成了这块“南部土地”上的典型特征——在中世纪之后，现代之前的这段时间，航海者这样称呼澳大利亚大陆。这些入侵和移民过来的欧洲人并未与澳大利亚的大自然之间建立起一种面向未来的共生关系，其中既包括人与植物的关系，也包括人与动物的关系。

Wüstenspringmaus · Jaculus jaculus
Dornschwanzagame · Uromastyx

蜥蜴与蝎子——罕见的组合

23

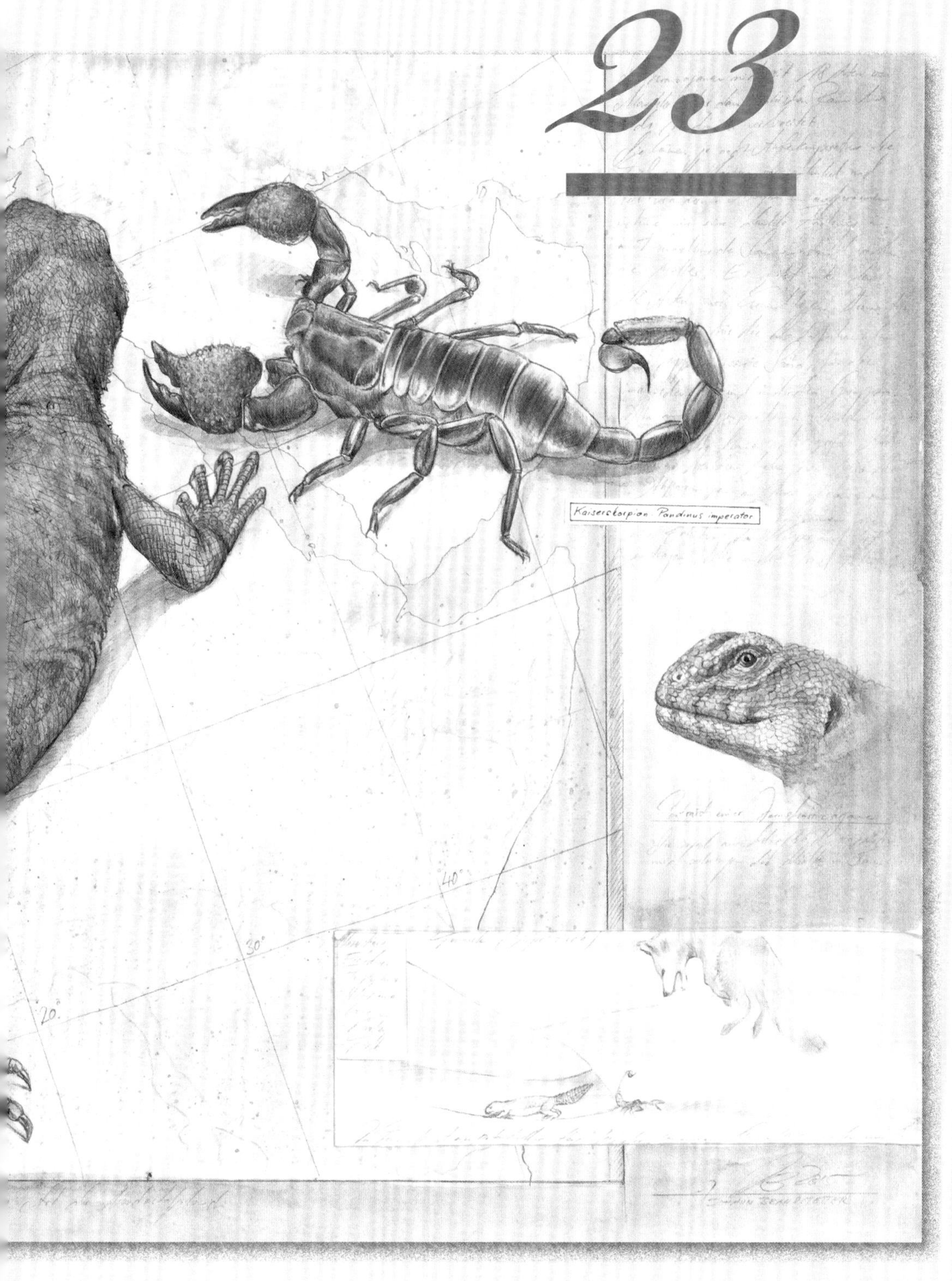

蜥蜴与蝎子
——罕见的组合

骁勇善战、动作迅速的蜥蜴和剧毒的大蝎子安居一室，这是事实还是愿望？这两种差别巨大的动物真的像伴侣一样生活在同一个避难所，还是说它们只是偶然相遇，不得不相互容忍？这两种说法都不能准确地描述它们之间的关系。接下来让我们一探究竟。

在北非沙漠的一处洞穴里，刺尾蜥与帝王蝎不期而遇，它俩都想占据这个洞穴来躲避白天的炎热和夜间的寒冷。它们是如何相处的呢？这是第一个问题。紧接着读者可能还会提出第二个问题：这是否算一种共生关系呢？刺尾蜥有好几个不同品种，广泛分布于整个北非、阿拉伯半岛，一直到印度西部。仔细观察一下，它比较突出的特点就是带刺的尾部和粗笨的身形。所有种类的刺尾蜥都生活在荒漠和沙漠里，从非洲一直到撒哈拉沙漠南沿的萨赫勒地区。蜥蜴的身长有50厘米，刺尾蜥甚至能达到75厘米，它们是体形最大，让人印象最深刻的蜥蜴，有些大个头的体重更可以达到1.5千克。尽管人和别的动物看到它们都会吓一跳，但其实它们一点儿也不危险，是素食主义者，只有白天天气不太热的时候才出来活动。夜里它们会躲进一个藏身之处，大多数时候是找一个洞穴，夜间的寒冷会让它们无精打采。如果沙漠里温度骤降，那里经常会这样，寒冷会让它们动弹不得。它们那庞大而坚硬的身体在白天储存的热量，遇到夜里沙漠的辐射低温根本坚持不了多久。在洞穴的保护下它们会感觉好很多，因为洞穴降低了过于强烈的日夜温差。作为纯粹的素食者，它们根本不需要夜间出去活动，对它们而言，最佳的进食时间是早上到中午炎热天气之前这段时间以及夜晚的寒冷降临之前的黄昏时分，反正植物和它们的种子又不会长腿跑掉。蜥蜴不用为了身体达到最高的活动温度进行热身活动，覆盖全身的硬甲可以抵御攻击，尽管不是能抵挡所有动物，但是已经够多。

帝王蝎属于体形最大的蝎子。它的身长能超过20厘米，让人看了真是印象深刻，所以它的专业名称里被加上了“帝王”二字以示尊敬。取名时显然突出了它的个头，而忽视了它的特性是“热爱和平的”和“容易相处的”，因此它在家庭饲养界特别受欢迎。帝王蝎对同类非常宽容，经常会结成关系松散的小组生活，一般情况下不会相互攻击，除非是在食品严重匮乏时。在那种情况下可能会产生争斗，并把打败的对手吃掉。这种被称为“帝王”的蝎子在夜间活跃捕猎，会用大螯抓住和杀死小型动物，而遇到体形更大的动物它就会退避，很少主动攻击。也许是因为它个头很大，夜间很容易被四下活动的哺乳动物发现并击打。它的身体能够反射紫外线，所以和很多其他的蝎子品种一样，它在月光下是白色的，在黑色的背景下十分显眼。帝王蝎跑得很快，不过只能跑很短的距离，它缺乏耐力。

这个品种的蝎子另外的一个特点就体现在繁育后代上。受精卵在母亲体内就开始发育，等到了合适的时间再把小蝎子生出来。为了完成这种传奇性的生育，蝎子妈妈必须要找一个能保护自己的避难所，还要保证足够的湿度，因为刚出生的蝎子身体还很柔软。它们在母体里需要很长的发育时间，将近一年，如果天气偏冷，还要再加上几个月。不过一个体形非常大的雌蝎子在几天里可以先后生下50只小蝎子。

蝎子妈妈要喂养它的孩子们，之后的3周，大多数时候都要把宝宝们背在背上，哪怕是在夜里四处觅食的时候。小蝎子第一个月主要靠消耗它们从蛋里带出来的能量，之后它们才需要新鲜的食物，先是靠妈妈带回来食物，之后它就能将小蝎子独立放在洞里了，等小蝎子们越来越活跃，能够自己捕食之后就不用管它们了。小蝎子们和母亲以及彼此之间一直保持联系，通过这种方式可以实现一种和平的族群生活，这是帝王蝎所独有的特点。毒刺里的毒主要是用于防御。帝王蝎用它的大钳子来抓住猎物。所以完全可以理解，帝王蝎甚至会避免与比自己体形小的老鼠发生直接冲突。所以在家庭养殖界它一向有热爱和平的美誉。

刺尾蜥白天活跃，而帝王蝎夜间活跃，它们等于是各过各的，不太会碰面。尽管一天24个小时里绝大部分时间都是这样，但不见得一直都碰不到。刺尾蜥回到洞里，此时帝王蝎正准备夜间出巡；而等到帝王蝎夜间捕食完毕回来的时候，刺尾蜥又清醒了。如果换成人类也能这样以不同的生活节奏住在一套房子里吗？毕竟中间有些时刻二者会同时在家。那为什么刺尾蜥和帝王蝎要这么做呢？

我们猜想，原因可能是夜里湿气会在蝎子身上凝结成露水，然后被蜥蜴舔掉，在极端缺水的沙漠环境里，可以通过这种方式部分满足蜥蜴对水的需求。为此两种动物必须绝对信任对方。一只有毒的蝎子，将毒刺刺入对方身体后释放出的毒素量可以杀死两只豚鼠，这可不是一般人敢舔的。可是它非常疲倦，因为夜里非常冷。基本上蝎子和蜥蜴一样，都不喜欢低温，但是它们在低温环境下坚持的时间比喜欢温暖的蜥蜴长。如果一只已经潮湿的蝎子爬进了一个洞穴，而里面不巧已经住了一只蜥蜴，蝎子觉得能让蜥蜴把自己舔干一点儿也不错。如果里面住着一只沙漠狐，一种大耳狐，两者发现了对方，估计蝎子就会为了保护自己而用毒刺去对付小狐狸。狐狸是温血动物，有可调节的较高体温，所以不怕沙漠夜间的寒冷，只不过它必须找到能提供能量的食物来保持体温。蝎子甚至连个头较大的非洲跳鼠都害怕，这种老鼠喜欢吃昆虫，像袋鼠一样跳着走。所以蝎子能有一个躲避跳鼠的洞穴十分重要，更何况里面还住着一只巨大的蜥蜴，非洲跳鼠会被蜥蜴吓退，不敢追着蝎子进洞。这种解释能令人信服了吧？

我必须要补充一条信息：像这种刺尾蜥和帝王蝎一起生活的方式只出现在很小的范围内。帝王蝎主要生活在毛里塔尼亚的热带雨林到北部的刚果，这里湿度很高（能达到80%），晚上和半夜温度在20摄氏度左右。因此只在很少的几个地区能看到这种二者同居一个洞穴的情况：已经适应了沙漠和荒漠生活的刺尾蜥能容忍一只蝎子也躲在这个洞里。按照现在的科学认知水平，很有可能这只是偶然情况下产生的同居模式。这样的一种情况对双方都有利，而在最重要的生活认知上，双方又不会产生冲突：蜥蜴吃素，蝎子吃小动物。两种动物的活跃时段大部分情况下都不同。满身披着盔甲的刺尾蜥不太怕蝎子可能会发起攻击的毒刺。而蝎子对同类十分宽容，抚育后代时需要非常用心。所有这些特点加起来都对这种同居生活有利。也许这种共生方式比我们已知的情况更加普遍。也许，这只是在一个有较大空间的洞穴里一次偶然的相遇。我们可以把这个案例当作一个例子，在何种情况下会产生一种特别的关系，尽管一开始看起来并不合适，长期来看却能成为一种很好的共生关系。

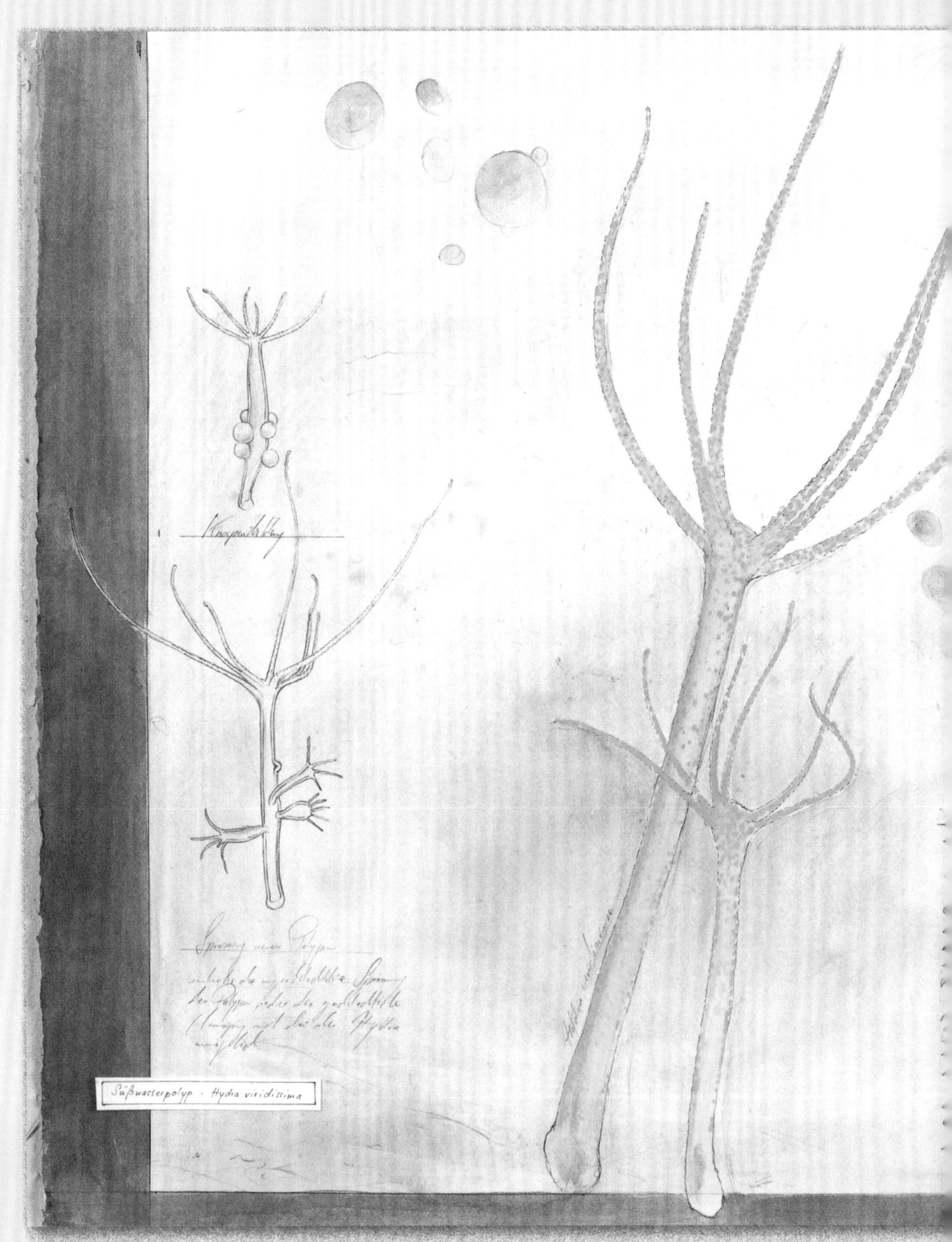

绿水螅——到底是一种植物还是一种动物？

绿水螅
——到底是一种植物还是一种动物?

根据一则希腊传说，在希腊南部阿尔戈利斯州有一个勒拿湖，湖边的沼泽里生活着一种怪兽，长得像蛇一样，有好几个头，如果其中的一个头被人砍下，就会立即再长出两个新头来，英勇的赫拉克勒斯最终打败并消灭了这个勒拿湖怪兽。我们这张插图里面的绿水螅跟这个传说中的怪兽截然不同，如果我们用放大镜或者最好用显微镜来观察它就会发现，它的个头非常迷你，只有几毫米长，看起来有种十分脆弱的美感，颜色像绿宝石一般晶莹剔透。感受到震动的时候，它就会缩起又细又长的触手；如果震动相当强烈，它的身体就会缩成一个椭圆形的球体。过一会儿它才会再次伸展开来，伸出触手，它正是通过触手来试探周围的水体。如果触手上的触须碰到一个极小的生物，就会抓住它并送进触须包围着的口中。它的德语名字叫作淡水水螅，它的习性就像大海里的章鱼。只不过它们体形娇小，活动范围甚至不超出一滴水那么大，而巨型章鱼十分强壮有力，据说能将小船掀翻，不过这也可能是水手们编造出来的故事，不能当真。但是，如果潜水员遇到那种体形很大的章鱼，可一定要小心，弄不好可是有生命危险的。虽然它不会像传说中的怪兽那样可怕，被砍掉触手还能立即长出来，不过一旦和人打起架来，还真是让人吃不消呢。

尽管这种迷你生物和海里的这种大型软体动物有很多相似之处，

但这篇文章的重点可不是章鱼。这种水螅非常小，关键还是绿色的，这就是它的特别之处。它的拉丁语名字中代表属的是Chlorohydra，意思是绿水螅，种名viridissima的意思是最绿的，还强调了三遍，那么这一定是一种特殊情况。而这种特别性正是来自于它的亲缘关系，与章鱼的相似性只是表现在外形上：它们都是软体动物，就像蜗牛和贝类，但是淡水水螅的身体构造要简单得多。它属于刺胞动物门，这个门里有很多种生物，大都生活在海洋里，仅有少数几种作为入侵生物适应了在淡水里生活，我们的淡水水螅就属于此类。在欧洲的水系中生活着5种不同的水螅，它们都长得体形迷你，很不起眼。因为它们时而将身体缩成一团，时而伸展开来，所以很难给出准确的身长，在放松伸展的自然状态下，身长应该有几厘米长吧。需要补充说明的一点是：除了我们“最绿的水螅”之外，它们的身体是透明的，呈现出一点儿浅浅的棕色。这种绿色其实来自一种极其微小的绿球藻，就生活在绿水螅仅有两层细胞膜的体内。在内细胞膜和外细胞膜中间是一层凝胶状的东西，是由神经细胞组成的一种松散的网络结构。

在外层细胞膜里有刺细胞囊，这是一种极其复杂的细胞，带着刺状结构和很细的管子，里面含有毒素。遇到有什么东西接触到绿水螅的外皮，例如水蚤或者水螨虫，这些刺细胞囊就会爆炸，释放出的毒素会让猎物瘫痪或者死亡。这种特殊的技能很像海里的刺胞动物，可以将绿水螅看成是刺胞动物的迷你版。不过也正是因为它们长得太小了，所以对于小鱼和人类来说完全没有危险，不像它们那些生活在珊瑚礁或者海洋里的亲戚那么可怕。如果不是刻意寻找绿水螅，我们平时几乎看不到它们，除非将它们养在水箱里，用大量的浮游生物来喂养，它们才会大量繁殖。这时我们就能看到它们了，它们会用小小的触须足沾在玻璃上或者植物上。如果多一点儿耐心，就能等到它们伸出长长的触手去寻找猎物并抓住它们。如果它们能够成功捕食，那么很快就会开始繁育后代。这个过程类似于植物，所以被科学家们称为“出芽生殖”（Knospung）：绿水螅的身体上会长出一个小包，慢慢拉长，最后形成触须，就像一个坐在母体身上的缩小版。最后它会脱离母体，变成独立的一只小水螅继续生活。这种出芽生殖其实就是一种“植物性的繁殖方式”，过程中也有植物性的部分，不太像是动物的生殖方式。绿水螅之所以叫这个名字是有一定道理的。不过，绿水螅也能够以产卵的方式生殖。

再次长出受损或者被天敌弄掉的身体部分这种能力属于生命体最初的一种特性。此前这种生殖方式一直有效，直到有机体变得过于复杂。这种能力在某些动物身上残存下来，比如壁虎就会丢掉挺长一截尾巴，而且尾巴脱落之后还能继续跳动，以此来吸引敌人的注意，逗引得它去捕捉那一截掉了的尾巴。在壁虎受伤的部位会长出一截替代尾巴，只不过比原来的尾巴短很多，能明显看出是后长出来的。我们人类的皮肤在受伤以后也会再生，甚至可以再生较大的一块面积，可惜一整根手指头、双手或者小腿掉了就长不出来了。可是绿水螅全身都能再生，能通过身体长出自己的缩小版从而实现无

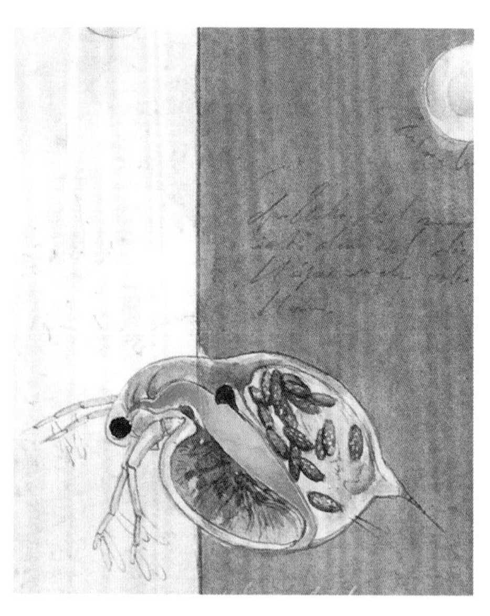

性繁殖。这种能力引起了生物学家和医学家的兴趣也就很好理解了。现在他们正在尝试模仿绿水螅，用这种无所不能的干细胞培育新的组织或者器官。绿水螅也有人类遗传基因里包含的基因，即使它们看起来和我们一点儿都不像，我们将它们视为最原始的生命体，将它们归入动物界。

绿水螅真的应该被归入动物界？我们在定义这种生物时遇到了困难。它们的颜色是翠绿色，体内还有绿球藻细胞，好像更应该把它们划为植物界吧，毕竟出芽生殖就是植物的特性之一啊。绿藻不仅是绿水螅在水生植物世界里绿色的伪装，因为这种保护色几乎可以忽略不计，它们的近亲——那种浅棕色的水螅也并没有更加显眼，最重要的一点其实是绿藻在进行光合作用，所以绿水螅更接近于植物。绿水螅和这种绿球藻以一种亲密的共生关系共同生活，给双方都带来了巨大好处。淡水水螅体内含有光合作用的产物，尤其是糖分可以作为能量来源支撑它们的运动，而绿球藻得到一个安全的庇护所，而且绿水螅还能把它们带去水里光线更好的地方，这就是关于绿水螅和绿球藻最为重要的知识点了。我们完全可以根据此时的心情和兴趣来决定到底让绿水螅和绿球藻构成的共同体归入动物界还是植物界，反正生物学家们认为毫无疑问应该是动物界，因为那些藻类是来做客的，如果没有绿球藻的话，绿水螅也就完蛋了，其他种类的淡水水螅也一样。因此，绿水螅才会被归入共同的“水螅”这一门。

绿水螅全身都能再生，能通过身体长出自己的缩小版从而实现无性繁殖。

淡水水螅与绿球藻的共生作用能够存续下来，更多的是因为水螅体形很小，但是像奶牛和“小绿人”之间的共生关系就不是这样。奶

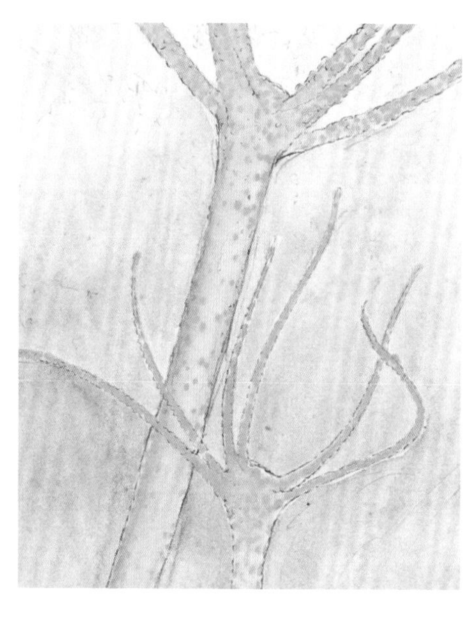

牛必须不停地吃草，借助于瘤胃里的微生物，以一种非常复杂的方式将草转化为它可以吸收的养料。牛不可能让绿球藻长在皮肤里，直接靠绿球藻的光合作用生存，这有悖于大自然的基本规律。假使真是这样，那为了进行足够的光合作用，相对于奶牛的体形，牛的皮肤必须大到无边才行，或者牛必须长得很小，缩到水螅那么小才行。这个视角是很有启发性的，因为我们正在尝试，将人类过度增长的能源需求压缩到大自然能承受的程度，最好是全部采用来自大自然的可再生能源。如果用养殖绿球藻来获得能源，那必须用一整个国家的面积来进行养殖才行，产出率实在太低了。甚至连那么微小的水螅都不见得能完全依靠这种共生关系，其他没有共生物的生物体就很好地说明了这一点。对于绿水螅而言，冬天是难挨的时光，这时小小的水体表面会结冰，而能透过冰层照到水面以下的光线非常少。珊瑚虫和藻类的共生关系要更加紧密，也有效得多，如果珊瑚海的生存条件过于差劲，珊瑚虫就会将藻类排出体外，我们将这一过程称为“珊瑚白化”，这个现象一旦出现，珊瑚礁内生命的生存状况就会令人忧心忡忡了。就连这种共生关系都不像表面看起来那么稳固，可同时它又是那么高效，珊瑚虫和藻类的共生关系制造了地球上最大的一片构造，又产生了生命体：那就是几千公里长的珊瑚礁，绵延不断，甚至在外太空都能看到。珊瑚虫和我们的绿水螅也有相似之处。我们在长满了水生植物的小水池里费很大的劲儿才能看到的微小生命体，也许存活于大部分花园水池之中，它们蕴含着我们难以想象的“巨大生命力”。因此我们要多研究一下水下珊瑚礁的世界。

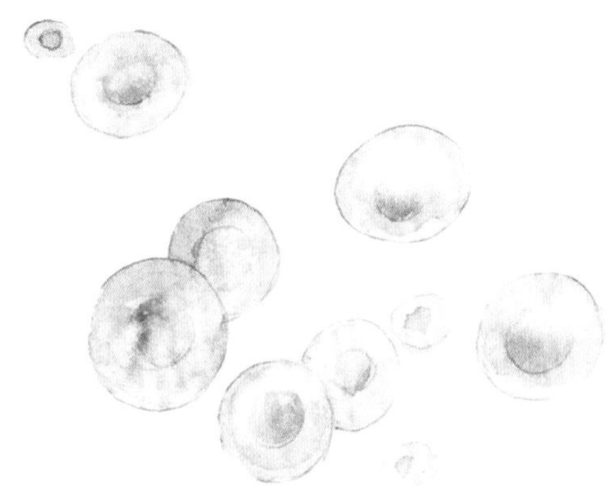

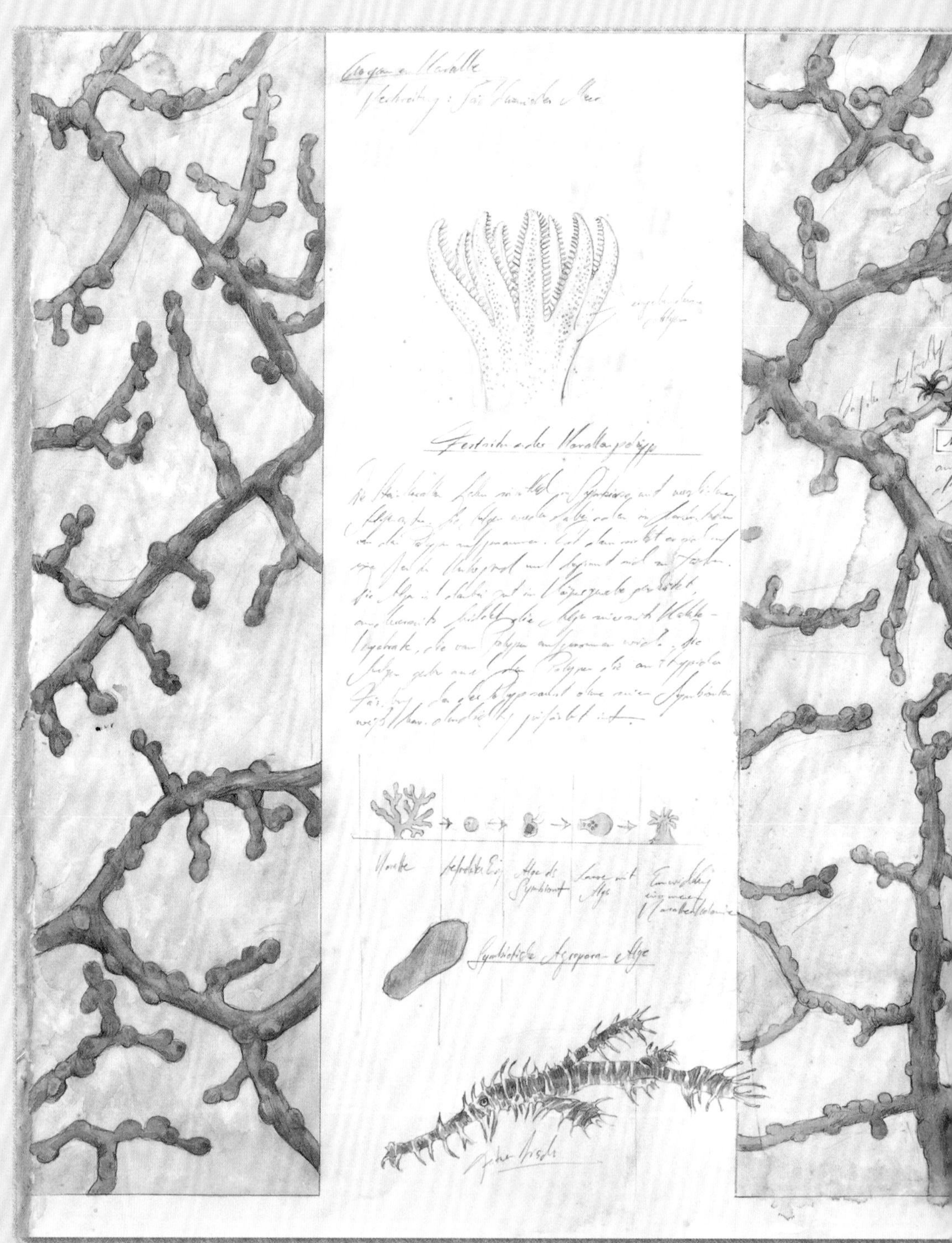

珊瑚——一种让动物变成植物形态的共生关系

25

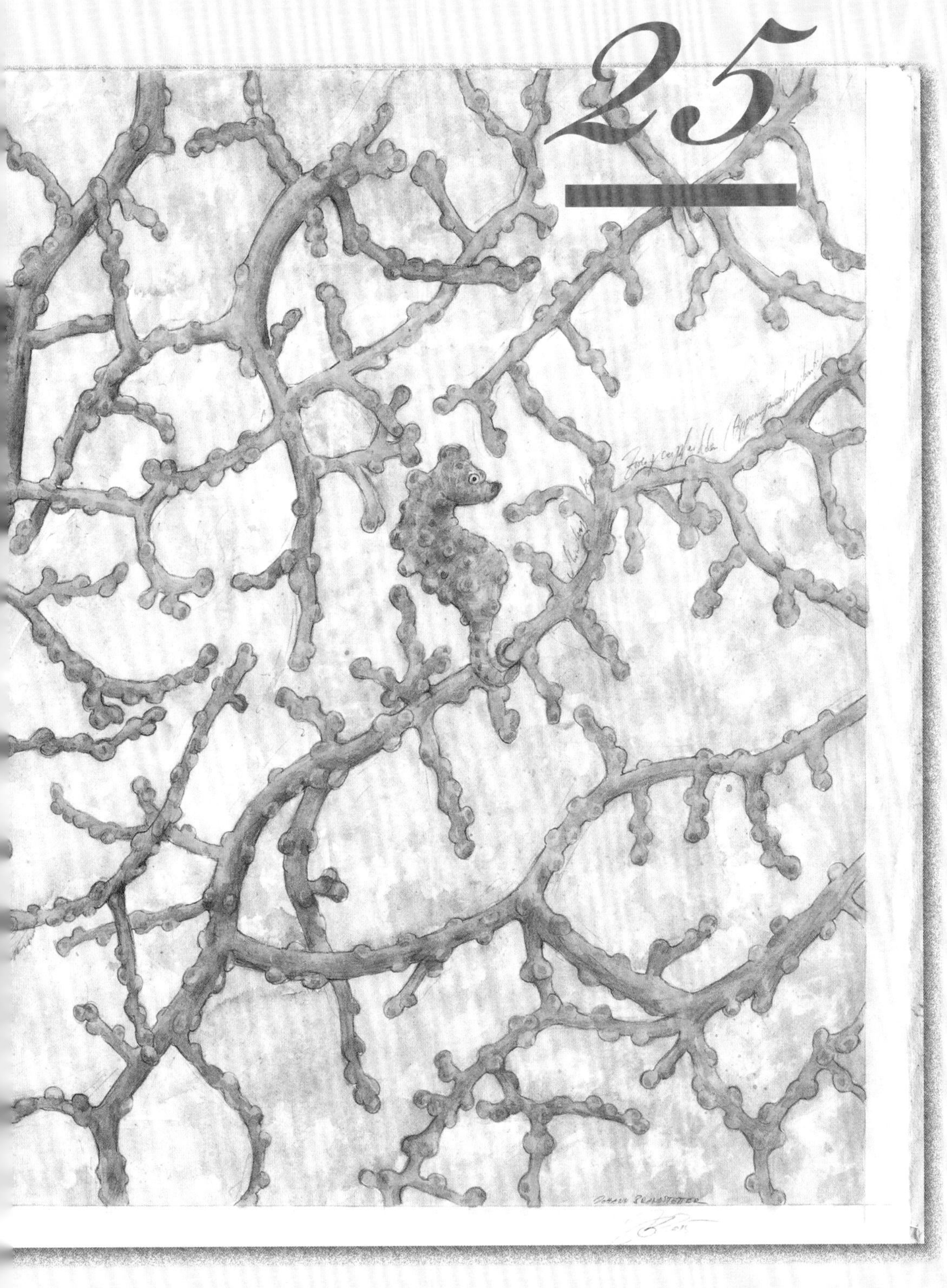

珊瑚

——一种让动物变成植物形态的共生关系

生物学家和自然保护者圈子里都是这样说的：热带珊瑚礁在物种多样性方面的宝贵财富堪称大海中的热带雨林。但其实珊瑚礁里动物生活的丰富性甚至还远超热带雨林。在珊瑚礁旁边潜水的时候，我们可以看到身边围绕着各种动物，如果珊瑚礁没有严重受损，那里就会有各种大小、颜色和花纹的鱼群，还有螃蟹和贝类、墨鱼和海螺，以及大量就连动物学家也叫不上名字来的海洋生物。如此丰富多样，简直让人眼花缭乱，一开始你会震惊到完全不知所措，在珊瑚礁附近潜水简直美极了！所有曾经到过这一片神奇世界的人都会着迷于这种生物多样性，很多人再也忘不了珊瑚礁，他们会一再回到这里，潜水体验水下世界。

而热带雨林则完全不同，第一印象总是让人失望。那些色彩斑斓，拼凑起来的画面会唤起我们很多的期待，而它们与现实并不总是相符。在热带雨林里占主导色彩的是一种比较昏暗的绿色，无法看穿的绿色。很偶然的情况下，只在某几个特别的地方，也许会看到闪着光的蝴蝶大量聚集飞舞；虽然也能听到一些鸟鸣声和婉转的歌声，但几乎看不到鸟儿们在哪儿。同样，你能听到蛙声和蝉声，但是眼睛却搜寻不到青蛙和蝉的身影，因为它们总是尽可能地把自己藏起来。在热带雨林里经常见到的反而是蚂蚁，虽然它们也挺有意思，但从视觉吸引力上的确远远比不上珊瑚礁附近的那些绚丽鱼群。不过，生物学家说得也有道理：热带雨林和珊瑚礁在生物多样性方面都达到了它们各自的最高值。无论是在陆地上，还是海洋里，没有哪种生存空间能像热带雨林和珊瑚礁那样拥有这么多的物种。

为什么这样说呢？毕竟森林和珊瑚礁里的生命看起来简直有天壤之别。研究人员一直在研究这个问题，因为所有人积累的经验不会说谎。其实第一眼我们就能发现二者之间最大的区别：热带雨林是由树木构成的，珊瑚礁里没有树，也没有类似的植物，例如长长的海草。而热带雨林里的动物很少，最常见的就是蚂蚁和白蚁。可是与珊瑚礁里的鱼类和其他动物相比它们实在是太渺小了。而在珊瑚礁里不仅经常能看到海洋生物，而且正是它们创造出了珊瑚礁。而热带雨林里的情况恰恰相反，每公顷土地上1000吨的植物量对应的只有几百千克重的动物量或者更少，而我们在热带珊瑚礁里几乎看不到植物。在那里我们举目四望，看到的只有动物，除了动物，还是动物，而它们的栖息地也是动物建造的：那就是珊瑚虫。

在柳珊瑚构成的海扇里躲藏着我们几乎看不到的一种生物——巴氏海马。热带珊瑚礁里的动物多样性堪比陆地上的热带雨林。

它们长得很像植物，也有树杈，或者像树叶，像扇子，或者像花朵一样。如果珊瑚虫正在忙碌，伸出它们的触手，那看起来就像是盛开的花朵。其他那些珊瑚虫如果没有钙质的坚硬支撑结构，看起来就和植物一样，所以它们被叫作红海葵、沟迎风海葵和紫红海葵（译者注：德语名字里都带有莲花这个词）。它们的外形真的很像植物，尽管它们其实是动物。从大的概念上来说，它们都属于珊瑚纲。珊瑚有极其特别的意义，具体说来尤其是石珊瑚目，大部分珊瑚礁就是由它们建设起来的。它们的上部和外表都像植物，却能给整体构架带来稳固性和耐久性，远远超过陆地上最强壮的树木。在森林里，尽管有些树上缠绕着藤本植物，有些树紧紧地靠着旁边那棵树的树冠，可是一棵树就是一棵树，而在珊瑚礁里完全不是这样。石珊瑚制造出整体的结构，在海里向上生长，变成小岛——一座珊瑚礁小岛，或者称为环形珊瑚岛。如果想和珊瑚礁相比较的话，森林里的树木在快要长出树冠的地方就要相互连接起来变成一个整体。这样的想象会让我们觉得很荒诞，因为大家习惯了将树木看作是单独的生命个体，只有根部在地下是连成一片的，大多数是通过根部的细毛相连。除此之外，大多数情况下一棵棵的树都是各自生长的。与珊瑚的可比之处在于，二者大部分是由死去的材料构成的。树木的主要组成是木头，而珊瑚是由（石灰）石或者“角状物”构成。树干、树根和树枝上活着的那一层物质很薄，夹在真正的外层，也就是树皮和里面的木头之间，具有完全生命力的部分是树叶，还有很细的枝条或者嫩芽。而在珊瑚礁里，活着的珊瑚虫坐在自己建造的牢固外壳里，与树木相比的话就是朝向外部的树叶部分。而珊瑚礁的绝大部分都是由死的物质构成的，是珊瑚虫脱落下来的材料，所以树叶和珊瑚虫在一定程度上还是有可比性的，它们的内部都存在关键性的生命过程，而这些过程有令人惊讶的相似性。

因为树叶可以凭借其比较大的表面积吸收空气中分布均匀、仅以微量存在的二氧化碳，它是植物进行植物性生产，即光合作用的材料基础。树木能够生长，都是因为通过光合作用产生了生长所需的营养物质，例如对树木而言非常重要的纤维素和木质素。光合作用还需要水，树木依靠根系将水输送上去，除此之外还需要光——阳光。树干将土地里的水分传导到积极工作中的叶子，通过光照叶片再将二氧化碳和水以光化学的方式结合，转化成有机物质。

尽管各方面都极为相似，但是热带珊瑚礁缺少的恰恰就是这种基本的生产过程。珊瑚虫吸收身边流过的海水里的微量营养元素，正如树叶吸收空气里的二氧化碳。它们不需要将水“吸进去”；因为本身就被水环绕，但是靠着过滤水获得的营养它们是无法生长的。和珊瑚有亲属关系且体形更大一些的动物——红海葵，生长在地中海岸边岩石上，还有能够捕鱼的更大一些的热带红珊瑚，它们都生长极为缓慢，无法形成珊瑚礁。另外，生物学也告诉我们，其实所有高级一些的动物生命在生命链初期都是以植物的生存方式为基础，也就是依靠植物的生产方式——光合作用。而创造出珊瑚礁的珊瑚虫，还有珊瑚礁里丰富的动物似乎都违背了上述生物学原则。可是珊瑚礁里仅是动物世界吗？绝对不是！也许是在珊瑚礁上到处生长的海藻，依靠它们的生产，珊瑚礁才能维持生物学意义上的正常状态吧？还是那些肉眼根本看不到的微型海藻在为珊瑚礁提供养料？肯定二者都在为珊瑚礁的居民提供植物性营养。在显微镜下才能看到的海藻甚至比那些肉眼可见的藻类做出的贡献还要大，不过微型海藻在大海里到处都有，不只是在珊瑚礁附近，它们肯定不是珊瑚礁的成因。人类花费了很长时间，才弄清楚珊瑚礁表面上的自相矛盾之处，究其根本还是

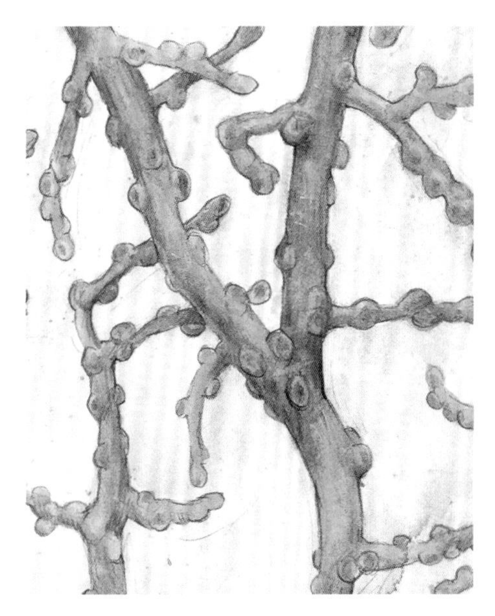

一种共生关系。形成珊瑚礁的珊瑚虫与海藻一起生活，因为这种海藻带点儿褐色，所以它们被称为虫黄藻。虫黄藻非常顽固地生长在珊瑚虫体内，几乎就像细胞里的构成物质一样。只有当珊瑚虫遇到极大的压力，例如珊瑚礁里的水温太高，它们才会将有共生关系的虫黄藻排出体外。此后它们的颜色会变浅，珊瑚礁也是——这就是生物学家以及旅游业经理们都同样担心的珊瑚白化。珊瑚礁里的生命会被珊瑚白化搞得乱七八糟，一直要等到状况正常才能恢复。一旦出现珊瑚白化，珊瑚礁的大部分甚至是整个珊瑚礁都可能会死掉。之后要等待几十年甚至更久，珊瑚生长才会再次进入旺盛期。如果珊瑚礁区域的海水持续过暖，或者是陆地上含氮的肥料过多地排入海水中，珊瑚礁的未来就堪忧了。

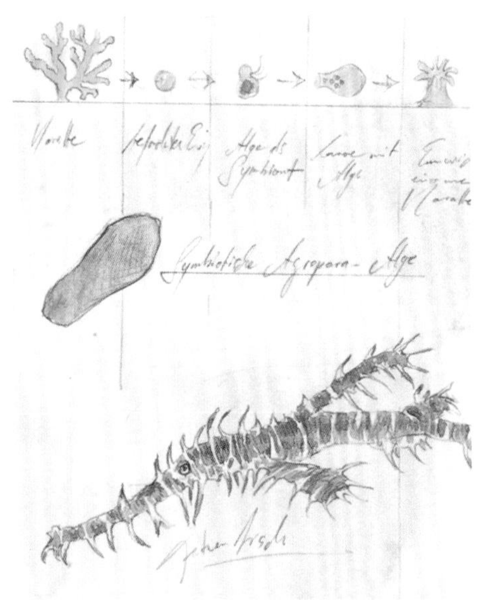

在如何理解珊瑚礁形成过程方面还是少了一个重要部分。珊瑚虫和藻类之间的共生关系意味着虫黄藻一直在按照藻类通常的方式进行光合作用，所以只能存在于海水表面有足够太阳光照射的区域，而且它们和陆地上的植物一样也需要二氧化碳。在空气中二氧化碳作为微量气体在我们这个时代出现了明显的上升，将近0.04%（少于空气中所有气体千分之一的一半），而在海水中，二氧化碳主要存在于和钙形成的碳酸氢盐里。如果分解出其中的二氧化碳，碳酸氢盐就会剩下难溶于水的碳酸钙，也就是石灰石。珊瑚虫体内的细胞呼吸也会产生二氧化碳，从而进一步形成石灰石。珊瑚虫体内共生的藻类在进行光合作用的时候会吸收二氧化碳，然后将石灰石排泄出来，石珊瑚的支撑骨架就是以这种方式形成的。整个过程本身虽然很慢，但是却持续不断，而且珊瑚虫的数量是以百万为单位的，所以基本上珊瑚礁的生长过程与森林类似，主要的区别就是沉积物。树木会形成纤维素和木质素，珊瑚虫会形成石灰石骨架或者像鹿角一样的材料，要看具体是哪一种珊瑚。珊瑚礁植物般的生长是珊瑚虫与虫黄藻形成共生关系的结果。在全球范围内，每年沉积形成10亿吨珊瑚礁物质，也以此造就了热带海洋里的生存环境。有些品种如柳珊瑚非常敏感脆弱，就像插图里的海扇，在它的网状结构里躲藏着我们几乎看不到的一种生物——巴氏海马。海扇与虫黄藻的共生关系发生在光照勉强能进行光合作用的区域。总的来说，珊瑚礁里的食物普遍短缺，这可是对生命存续最重要的资源。专门化与合作是最重要的生存策略。在这一点上，珊瑚礁和热带雨林也是一样的。

珊瑚礁旁的清洁工

26

Abdomen
1 2 3 4 5 6
Pl1 Pl2 Pl3 Pl4 Pl5
Rot-weiße Putzergarnele
JOHANN BRANDSTETTER

珊瑚礁旁的清洁工

潜水运动大受欢迎，它早就成了一项大众运动方式，尽管它的历史才不到50年。这方面的先驱有汉斯·哈斯、伊勒诺斯·艾伯尔-艾伯斯费尔特和雅克-伊夫·库斯托，他们在二战以后将潜水系统发展成了一项科学研究和运动项目。尽管人类自几千年来就潜水去寻找海绵和珍珠贻贝，但是以前并没有任何的技术装备能让人在水下安静地待久一点儿。在下潜的那几分钟时间里，潜水者根本没有闲暇去惊叹地看一看水下的世界。潜水采珠人意味着最严苛地透支身体，而且随时都有毙命的危险。后来人们就用越来越好的网去捕捉鱼类和贝类，可以将网拖出水面之后再进行相对而言比较舒适的分类挑选。人们撒网下去，希望付出能得到相应的回报。

而现在游客只要戴上面镜和呼吸管练习浮潜，就能初步体验到珊瑚礁内各种生物的绚烂多姿，感觉就像打开了一扇小窗户，可以一窥地球上最大的生命空间。眼前看到的一切简直美得让人无法抗拒，会大大激发人的好奇心。潜水员身着笨重的潜水服，连着长长的呼吸管，在水下的行动反而容易受阻。解决方法就是采用气瓶，里面是富含氧气的压缩空气，潜水员将气瓶背在背部就可以在水下世界自如地行动了。笔者在20世纪60年代学习生物学，聆听过伊勒诺斯·艾伯尔-艾伯斯费尔特的讲座课，他详细报道了珊瑚礁，那时这还是件新鲜事儿，让人特别向往和着迷。那些在水下拍摄的视频深深地刻在了我的脑海中。画面中是一种体形很小的鱼，身上有条纹，正在为石斑鱼擦牙齿。我们这些大学生一边惊讶一边大笑，艾伯尔-艾伯斯费尔特放映的影片实在是太好玩了。他当时和汉斯·哈斯结伴乘船去探索热带海洋，第一次见到这种情景觉得真是奇怪极了，简直不敢相信自己的眼睛。但是他们不断地看到同样的场景，在热带海洋珊瑚礁里这种清洁工共生关系实在是太普遍了，属于珊瑚海中鱼类生活的一部分。

对于这种共生关系的事件，我用了非常拟人化的描写，不过实际情况也差不多，就好像那些大鱼去了一次理发馆。插图上是一只黑缘石斑鱼，它虽然不属于那种能长到2米多长的体形最大的石斑鱼，可是它张开满是尖牙利齿的大嘴时那个样子也够令人印象深刻的。很明显它记得珊瑚礁某个特定的位置，它一游到这里，就会悬浮不动，然后很刻意地张开嘴巴，于是就有一条瘦瘦的小鱼急急忙忙地游了过来，它身上长着很明显的条纹，做出像舞蹈一样的动作。然后，石斑鱼就会让小鱼进入它的大嘴巴，继续大张着嘴。这条口腔清洁鱼就会从它的牙缝里以及嘴巴的边边角角和各种皱褶里扯出食物残渣，那都是石斑鱼抓住并咀嚼过的猎物。整个过程持续几分钟，直到嘴巴被彻底地检查和清洁过，就连鳃部也不放过。如果石斑鱼发现有寄生虫黏在鳃上，它就会有意识地去做一次清洁。清洁鱼会游进石斑鱼的嘴巴里，过一会儿再从鳃部的开口处游出来，石斑鱼会使劲儿把鳃盖撑开。这项清洁服务很受欢迎，石斑鱼甚至会排成长队等待。如果我们仔细观察这个清洁过程，就不难发现，清洁小鱼这么做能得到

清洁鱼会游进石斑鱼的嘴巴里，过一会儿再从鳃部的开口处游出来，石斑鱼会使劲儿把鳃盖撑开。这项清洁服务很受欢迎，石斑鱼甚至会排成长队等待。

丰厚的回报，这就等于是把食物送上门来，而其他的小鱼还得自己费劲儿地去捕获食物。

这些清洁鱼的外形和行为方式都是在引起关注，这一点很好理解。客人们一开始并不知道，这样的清洁鱼藏在哪里，它们这是在亮明身份。因为它们总是待在相同的地点，所以那些需要清洁口腔的大鱼就会有意识地回到这个地方来。这些清洁地点就成了珊瑚礁里的“老地方”。甚至还形成了固定的时间段，大鱼们都在某个时间段过来。清洁鱼可以根据时间待命。也许人们会猜疑，这听起来也太美好了，肯定不是真的。可是这一对小伙伴就是这样完美地在替对方着想。不过也有别的事情证明即便是最好的关系也可能会被利用。一只看上去和清洁鱼非常相似的小鱼正在接近，大型的食肉鱼赶紧把嘴巴张开，保持不动，好让清洁鱼确信自己不会突然之间把它吃掉。小鱼过来帮忙，从大鱼的口腔内，从鱼的体表或者鱼鳍上咬下一块肉就跑，还没等大鱼反应过来，小鱼已经飞快地溜走了。原来它并不是来做清洁的，是一只三带盾齿鳚伪装的，无论外形还是行为方式，它都在竭力模仿真正的清洁鱼。这个骗子小鱼属于剑齿鳚族，而真正的清洁鱼是裂唇鱼，二者非常相像，当它们游向等待清洁服务的大鱼时，就连很认真的人类观察者也无法区分它们。这是一个非常特别的例子，动物世界里有很多的模仿者，但是大多数情况下它们是模仿很危险或者有毒的物种，比如人畜无害的花虻就会用身上黄黑相间的花纹假装成大黄蜂。

生物学家将这种现象称为拟态，假冒的清洁鱼也是其中的一种，只不过被模仿的对象完全不危险，所以这种模仿就是人们所说的“披着羊皮的狼”。如果这种假冒行为让石斑鱼这类前来享受清洁服务的食肉鱼不再相信清洁鱼，有可能会让真正的清洁鱼陷入一种不愉快的境地：尽管这个“真诚”的小家伙啥坏事儿也没干过，只要大鱼咬上一口，或者吞咽下去，那小鱼就彻底消失了。所以只看外貌是不够的，舞蹈式的蹦跳和犹豫可以强化小鱼良好的意图，发出的讯号必须足够真诚，这样清洁鱼的共生关系才能奏效。可惜这种惨遭假冒的滥用行为没办法彻底根除，假冒的清洁鱼也可以更细致地模仿真鱼的行为。让人诧异的是，假冒鱼并没有一招一式地去模仿清洁鱼；尽管外形很像，可是却应该更用心地去模仿清洁鱼的行为方式才会更加有效，才能更频繁地得手，可以像寄生虫一样，很具攻击性地咬上一口就跑。

果然，假冒的清洁鱼这样做的不良后果很快就应验了。因为假冒鱼不能过于频繁地出现，否则这种清洁共生所需的信任关系就岌岌可危了，这种对共生关系攻击性的利用出现得越少就越奏效。只有这样，三带盾齿鳚才能生存下来，不停地从这种共生关系中捞好处。这种鱼的拉丁语名字意思是“像蝰蛇一样带有毒牙的”，如果它过于频繁地模仿清洁鱼，那么这种共生关系就结束了。社会寄生虫也得遵循这个原则，不能有太多这样的寄生虫，因为过分的寄生行为等于阻碍了自己的路，这样说会不会是将人类的道德规范滥用在动物界？就此大家肯定观点不一。如果真假莫辨的清洁鱼提供的口腔护理不再奏效，珊瑚礁的这种清洁鱼共生关系还有另

A1
R
A2
Mx3
P2
P1
P3
P4

Red Grouper

外一个明确的替代选项——一种身材纤细的大虾，身上有红白相间的花纹，它也可以充当清洁工，和清洁鱼一样可以在大鱼的头部清洁，也能进入大鱼的嘴巴里，然后用它小小的钳子把卡在牙齿缝隙里的残渣，或者是安居在那里的小寄生虫夹出来。这种虾那长长的触须在触碰大鱼的头部和身体的时候好像还能起到安神的作用，就好像是在抚摸。你看，即使是真正的清洁鱼也有另外的替身。假冒的鱼等于是给这个事实增加了一点儿限制，其实大鱼可以完全放弃清洁鱼。石斑鱼们之所以没有这么做，是因为清洁鱼提供服务的速度比较快，小虾需要的时间则要更长一些，有时候甚至需要好几只小虾共同行动，才能完成深度清洁任务。作为珊瑚礁里生活的食肉鱼，石斑鱼有时候不见得有那么充裕的闲暇时间，因为在接受清洁服务的时候，石斑鱼或者海鳝都无法捕猎。

最后还有一个问题：那就是石斑鱼为什么需要接受清洁服务？我们的鳟鱼和梭子鱼没有清洁工不也过得挺好嘛，况且所有的深海鱼类，从小个头的沙丁鱼到大个头的金枪鱼都不需要啊。这种清洁工共生关系只在热带到热带边缘地区的珊瑚礁里能观察到，而在寒冷的海洋和淡水环境里都没有。这是否和珊瑚礁里的生命有某种关联，毕竟珊瑚礁有着海水里最大的有机生物多样性。在解释这个问题时我们有必要再看一看相同生活空间里的另外一个共生关系，那就是小丑鱼和海葵。

小丑鱼

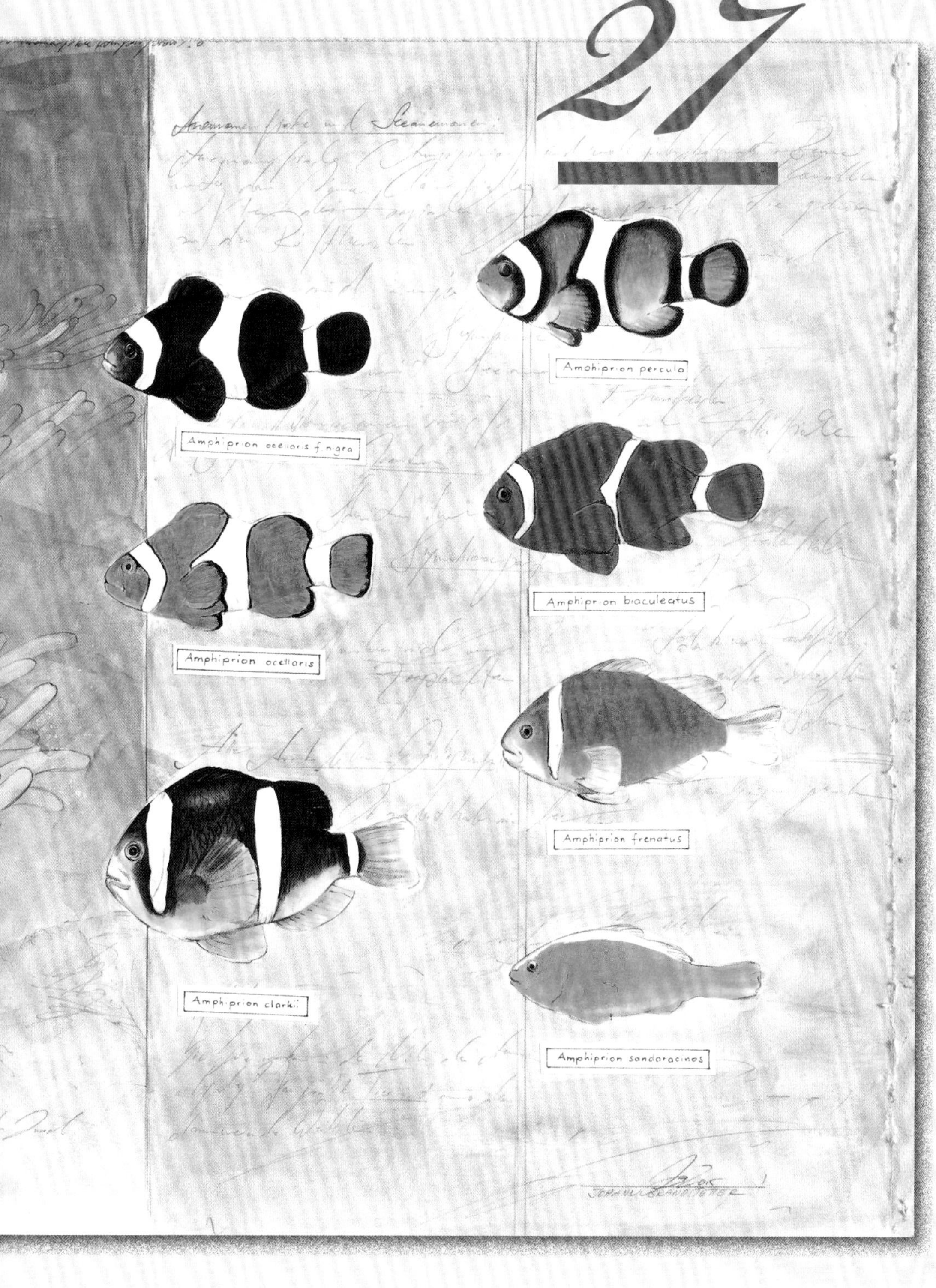
27
Amphiprion ocellaris f. nigra
Amohiprion percula
Amphiprion biaculeatus
Amphiprion ocellaris
Amphiprion frenatus
Amphiprion clarkii
Amphiprion sandaracinos

小丑鱼

珊瑚礁上的海葵那长长的触手随着海水摆来摆去，里面有可爱的小丑鱼在来回游动，它们身上的花纹就像小丑脸上画的彩色条纹，看起来一副无忧无虑的样子。其实海葵是一个很危险的邻居，因为触手上满满的都是刺丝囊，如果刺丝囊触碰到一条鱼或者其他生物，它们身上就会火烧火燎。刺丝囊长着鱼叉一样的尖端，里面含有一种毒素，可以麻痹肌肉运动，产生强烈的灼烧感，还会引发惊吓后的僵硬感。潜水员都知道一定要避开刺丝囊，而且他们还穿着足够厚的氯丁橡胶防护服。海葵触手上的这些刺丝囊在构造和功能上都与大海里的水母类似，这是有原因的：水螅和水母是腔肠动物在更替换代时出现的两种不同形式。虽然它们的身体构造非常简单，但是刺细胞特别复杂。其实它们的种属名称“腔肠动物”比水螅和水母这两个名字要恰当得多，此前在讲解绿水螅的时候就曾经提到过（见“绿水螅”一章内容和插图）。

如果有一条食肉鱼正在慢慢接近，或者是一个潜水员投下的阴影遮住了黄白相间的小丑鱼，它们就会飞快地躲进海葵的触手里，这一幕看起来就好像那些触手瞬间吞噬了小丑鱼一样。如果出现了更强一些的干扰，海葵甚至会将部分触手缩回去，小鱼的身上就会迎来刺丝囊猛烈的炮火，而且是从四面八方将小鱼彻底包围在里面。过了一会儿，海葵才重新放松下来，它又伸出触手，慢慢伸展开来，这样就把小鱼又完完整整地放了出来。小鱼们又开开心心地在触手中间游来游去，这儿看看，那儿探探，同时还留意着不能离开海葵太远。海葵构成了它们的生活空间，小丑鱼就在海葵的触手间寻求庇护，让那些吃小鱼的天敌不敢靠近。如果小丑鱼离开刺丝囊太远，就会遇到各种各样的危险。可是海葵伸出触手的目的并不是保护小鱼，而是在抓取猎物，腔肠动物会利用刺丝囊发起攻击。

海洋生物学家们对小丑鱼和海葵组成的共生方式十分入迷，同时也提出了很多问题。这种长得像花朵一样的简单生物既没有头，也没有大脑，它们如何区分生活在珊瑚礁周围那些不同的海洋生物呢？它为什么能认出小丑鱼？而那些小丑鱼呢？它们也认识自己住在里面的海葵吗？它们是如何建立起这种关系的呢？触手的保护对小丑鱼有利，这是很明显的。这种关系如何维系呢？供小丑鱼藏身的海葵，是一种比较大的腔肠动物，对于像小丑鱼那么大小的鱼儿来说，可是有生命危险的，就连小丑鱼也知道避开其他品种的海葵。它们只生活在“自己”的海葵里，赶都赶不走。研究人员不得不使用了一个巧妙的办法，趁小丑鱼背朝着他们去水里找浮游生物的时候，将一个小丑鱼看不到的玻璃缸小心翼翼地罩在海葵的外面。之后小丑鱼非要回到这一丛海葵不可，如果用一张网把它们逮住，送到很远的地方再放出来，那里并没有它们一直生活在其中的这个品种的海葵，那么小丑鱼就会躲进珊瑚礁的缝隙里不肯出来。因为它们身体的颜色和花纹过于显眼，一旦离开海葵的庇护它们很容易成为食肉鱼的猎物。

小丑鱼和它们的海葵关系非常密切。这只是一种单方面的感情吗？海葵又能从中得到什么好处呢？小丑鱼肯定不能保护它们呀，还是说小丑鱼能帮助它们抵御什么天敌吗？小丑鱼还会吃掉适合海葵食用的浮游生物呢。如果这种关系只对一方有利，几乎是一边倒地对小丑鱼有利，那么海葵为什么要容忍小丑鱼呢？毕竟很多海葵品种以及其他有亲缘关系的物种例如红海葵、沟迎风海葵或者角海葵并不会接纳一群小鱼。

不过在我们回答“为什么”这个问题之前，还是先研究一下它们是“如何”相处的吧。大范围的调查研究已经弄清楚了它们的相处方式，最重要的原理其实和如何避免触手自相残杀是一样的。腔肠动物的外皮存储了一些化学物质，可以避免碰触到刺丝囊的时候会火烧火燎，它们能够自我识别，其实就是说触碰到的那个位置可以通过化学方式感受到是自己的一部分，否则的话，刺丝囊就会引发灼烧感。水流又令触手不断地相互碰撞，这就要求刺丝囊机制不被触发，然而外部的因素又总是让它们撞在一起，触手必须能区别自身和外来物体，这是腔肠动物的基本要求。同时这也是小丑鱼的机会，它们偷偷潜入这种自我保护机制，获得了成功，刺丝囊的化学物质不会将它认定为外来物体。这个推导出来的结论听起来很有逻辑，但是在实现的时候肯定非常难。一定是小丑鱼的某些近亲破解了海葵的密码，调整了自身的化学印记，能够让刺细胞误以为这是自身的一部分。

这个过程肯定是发生在很久很久以前，因为在印度洋的热带海洋里一共有29种不同种类的小丑鱼和海葵生活在一种共生关系中。列表中包括了其中的一些品种。它们彼此之间有亲缘关系，都属于雀鲷科，这个科包括很多种不同的鱼，它们主要生活在珊瑚礁里。能够抵御刺丝囊灼烧感的肯定不是小丑鱼的色彩，因为在不同海洋地区生活的小丑鱼，颜色也是千差万别的。肯定也不是因为它们身上那宽宽的、条状的镶边颜色，这两点是鱼类不同品种之间的差异，并不是专门长给海葵看的，因为海葵压根儿就没长眼睛，根本无法区分颜色和花纹，所以覆盖小鱼身体的皮肤黏膜里包含的化学成分才是关键因素。

鱼皮里这种成分一开始还没有达到所需的浓度，小丑鱼小心翼翼地接近海葵，慢慢地小鱼体内的化学物质就达到足以保护它们的程度了。在繁殖后代的时候，小丑鱼肯定也根据这种特别状况以及所居住的海葵进行了调整。这个过程已经足够奇特了，可还有更神奇的事儿：小丑鱼一开始都是雄性，一直长到能够产卵的尺寸，身体里积聚了足够多的能量，它们才会变成雌性。等到它们发育成熟，就会与雄鱼交配，然后将黏稠的胶状物排出体外，放在海葵的脚底下。“脚”就是海葵身体与地面贴合的那个部位。雄鱼在此之前会将这个位置的海藻和其他障碍物清理干净以便于卵的发育。雄鱼还会在接下来的一周里仔细清洁这坨胶状物，守护着它。如果有必要的话，雄鱼还会打退它的天敌，避免鱼卵被吃掉，一直守护到小鱼孵化出来。这些小鱼自由自在地生活在海葵附近的海水里，留神自己不会游到太远的区域。不过它们这时还要注意与那些触手保持一定的距离，等几周之后，它们身体足够大了，就会在珊瑚礁里寻找另外一丛还没被其他小丑鱼占领的海葵。一条大的雌鱼会和几条雄鱼生活在一起，组成一个小丑鱼群，并占领一丛海葵生活在里面。活泼的小丑鱼群并不是简单地由一群鱼组成，而是进行了性别上的合理分配，往往是最大、最强壮的那条雄鱼变成雌鱼。

讲到这里，海葵和小丑鱼的同居生活方式很明显比之前清晰一些了，但是其中还缺少一个环节，就是海葵这种腔肠动物能从这段关系中获得什么。一开始人们猜想，也许小丑鱼会给它们的保护者喂食，但是这一点没有得到科学证实。其实是小丑鱼吃掉了本属于海葵的食物，因为两个物种所需的食物都靠很近的这一片小环境来满足。海浪或珊瑚礁边缘的洋流造成的水流波动会带来一些新的食物补充，水流会带来一切。海葵的触手能“过滤”比较大的浮游生物，而那些小很多的颗粒则由珊瑚虫从水中获得。也有另外一种可能：海葵的触手无法抓住的较大浮游生物会被小丑鱼吃掉。不过大鱼也会吃掉这些较大的浮游生物。人们希望通过实验找到某种解释，他们把小丑鱼抓走，现在海葵过得更好一些吗？根本没有。如果没有小丑鱼的存在，单棘鲀和其他的鱼就会攻击这些海葵，把它们吃光。看来小丑鱼身上富于攻击性和警示性的颜色提供了很大的帮助，比人们想象和直接看到的保护大得多。色彩对比明显的清晰条纹一方面是提醒其他年幼的小丑鱼，这丛海葵已经被占领了，另外也是为了警示海葵的天敌，小心这里会遇到抵抗。如此看来，海葵从它的客人身上也得到了很多，这样可以大大增强它们在珊瑚礁世界里存活下去的机会，因为在这个环境里，吃与被吃这种竞争关系比在别的生活空间更为激烈。

小丑鱼改变体表化学成分以适应海葵，第一眼看上去很成问题，但其实没那么难。从人类的视角应该这样去描述：伙伴双方都对构建一种共生关系有强烈的兴趣。海葵依靠爆炸式的众多触手为生，但是既不能伤害到自己的身体，也不能蜇到“朋友”。双方在不要触发蜇人模式上进行的化学元素调整都目标明确，就是为了继续发展合作关系。肯定此前经过了很漫长的时间，最终小丑鱼终于可以和海葵亲密接触了。科研人员大概可以确定出这个时间段。因为这种小丑鱼的共生模式只存在于印度洋—西太平洋海域，一直延伸到红海，但是没有到达加勒比海或者地中海比较温暖的区域。地中海里到处都有海葵，甚至在水温低很多的海水里也有。现在我们知道，加勒比海形成于300万年到500万年前。在此之前，温暖的信风推动大西洋里的温暖海水流经南美洲北部边缘，再向西流入太平洋。大约300万年以前，当连接北美洲和南美洲的大陆桥出现时就阻断了大西洋暖流的环游：加勒比海成为一个巨大的海湾，形成了温暖的热带海洋。与西太平洋和印度洋的大部分地区相比，它某些地区的物种多样性就差得多了。新几内亚的周边就是小丑鱼分布的中心地带，因此接下来就产生了这种共生关系，而向西只扩展到红海。那么这种共生关系产生的年代就是亚洲与非洲之间的蒂锡斯海，也就是古地中海消失的时候，此时这两块大陆之间有了连接。

这个时间段包括从冰河时期开始之后的几百万年，这么长的时间足够进行化学元素精细的调整和行为方面的适应，为了让这种共生关系持续有效，这些措施都是很有必要的。说到这里，与清洁鱼共生关系之间的相互关联就很明显了。在热带珊瑚礁里，免费的食物都是以微粒形式漂游于水流之中的，大部分海洋动物的猎食方式都是依靠对水的过滤，浮游生物是珊瑚礁里食物网络的基础，而并非体形比较大的植物。而在陆地上，植物则构成了我们的生命基础，这一点非常普遍，而且是不说自明的。在森林里，特别是在热带森林里，大量高度

Amphiprion percula

Amphiprion ocellaris f. nigra

Amphiprion biaculeatus

Amphiprion ocellaris

Amphiprion frenatus

Amphiprion clarkii

Amphiprion sandaracinos

专业化的，也越来越少见的动物以树木和其他植物为食；而在珊瑚礁的生物世界里，也有一些“专家”以这些均匀分布在海水里的细微颗粒为食，其中包括浮游生物、小鱼苗、蠕虫和其他动物的卵等等。所以大家都竭尽所能寻找食物，比如收留具有攻击性的小丑鱼，去给食肉鱼搞清洁，还有假冒的“清洁工”去啄食大鱼的鱼鳍和鱼皮。这些生活方式都不是动物们在大自然里一时兴起的做法，而是经过漫长时间的打磨。特别是在海洋中形成了令人着迷的共生关系。当人类开始学会潜水之后才看到地球上最大的生命空间里有这样奇妙的现象，而我们的蓝色星球本来应该被称为“水球”或者“海洋”，而不是“地球”。

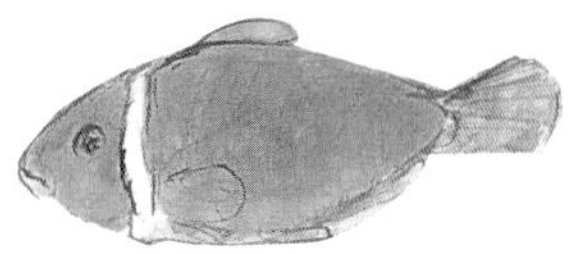

Dichonia aprilina
Alge
Cladonia coccifera
JOHANN BRANDSTETTER

地衣

28

Landkartenflechte Rhizocarpon geographicum

„Isländisches Moos". Cetraria islandica

地衣

从海洋到陆地，也许植物的陆地生命也是这样开始的。海岸岩石上像外壳一样的植被，几乎无法从最底层剥离下来，生命力非同一般顽强和持久。它们耐旱耐热，而且同样耐寒，至少地衣中的很多个品种都有这种特质。有些地衣长得很小，因为缺少矿物质，它们将身体紧紧地嵌入石头缝隙。无论是热带雨林，高山地区，还是北极和南极的边缘地带，到处可见地衣的身影。到了我们这个时代，甚至能见到地衣长在金属上，用来盖房子的烧制的砖上也有它们的身影，还有水泥的表面，甚至是玻璃上，真是令人难以想象。它们没有根部，没有嫩芽，没有花朵，但是却有多种色彩。它们生长速度很慢，极其缓慢，也与其极端的生活环境相符。不过事实再次证明，眼见不一定为实。

地衣并不是植物，而是一种真菌和绿藻的共生体。两个伙伴紧密相依，需要特别的研究技术才能将它们肉眼可见地分开。

地衣并不是植物。研究地衣的学科被称为地衣学，虽然传统上被归入植物学，但是学科划分方法并不能让地衣变成植物。它们其实是一种真菌和绿藻的共生体，也许有些学校的课程里会讲到这个知识点。两个伙伴紧密相依，需要特别的研究技术才能将它们肉眼可见地分开。如果将叶绿素作为判定植物的唯一标准，那大部分珊瑚和绿水螅也应该被视为植物了，很明显这是瞎说。实际上地衣的情况比学校教科书里写的内容要复杂得多。最新研究成果表明，连酵母菌都属于主要由藻类和子囊菌构成的一个共同体。小小的酵母菌决定了地衣是以何种形式生长。也正是它们给地衣研究者制造了困难，让他们在确定某些地衣具体品种时左右为难。因为地衣的生长方式似乎完全不遵守某些品种分类的固定规则。现在就让我们来仔细研究一下这种共生方式。为什么现有研究结果认为，尽管地衣与植物非常相似，但却不属于植物？属于藻类的共生伙伴带来了色素颗粒——叶绿体，这是一种让植物能够自主生活的物质，自主生活的意思是不依赖其他有机体，有机体指包含或生产有机物质的个体。对这种能力更准确的概念应该叫“自养”，意思就是自己给自己提供食物。植物体为完成色素颗粒内的化学过程提供水。水一般是由根系吸收并通过传输管输送至树叶，它们就相当于迷你工厂，空气中的二氧化碳也参与进来，于是一场对于生命而言最为重要的化学反应就开始了——这就是光合作用，阳光为此提供了必要的能源。

这在自然课课堂上早就属于基础知识，但是其重要意义却仍然和以往一样没有被充分理解。在光伏产业中那些用于捕捉光能的技术设备都极其拙劣而且成本过高。它们十分昂贵，很大程度上依靠政府（税收）手段进行补贴，远远比不上自然界的优雅，绿色的树叶仅靠阳光就能将二氧化碳和水转化为有机的、富含能量的物质。植物性生产被称为“初级生产”是完全有理由的。但植物其实只是应用生物学为完成其过程所需的工具，光合作用就是在叶绿体内发生的。现在我们有很大把握认为这些叶绿体就是植物体内参与共生关系的租客。最初它们作为属于一个特别的细菌群组自由存在，叫蓝细菌。现在仍然有这种自由生存的细菌。有时因为某个水域中含肥料过多而长出来的蓝藻就是它们。

不管出于何种原因，如果植物缺少这种绿色的共生体，它们就得像蘑菇一样靠有机残渣以腐生的营养方式养活自己，或者它们自己会成为寄生者，从其他植物体内抢夺绿色植物自己生产的养料。蓝细菌以植物细胞内绿色色素的形式构成的共生关系从本质上看也是可以解除的，而植物则会失去供养自己的能力，也就是没办法自养了。它们就和所有的动物以及真菌一样依赖外部食物，变成了异养生物。在日常的语言应用中，植物指的就是拥有共生蓝细菌的那些生物。

这种一本正经的生物学知识就讲到这里吧。我们需要概括性地介绍一下，以便让大家理解地衣这种双重生物。地衣和植物最根本的差别在于，它的细胞壁并非植物那种纤维素或者类似的（“典型的植物性的”）材质，而是一种非常类似于昆虫的甲壳质的材料。甲壳质是一种蛋白质。而纤维素是碳水化合物，其基本构成成分是糖分子。此处我们不再深入讲解，因为只需要知道二者之间的本质区别就足够了。地衣细胞壁的构成材料与真菌相符，而真菌并非植物。真菌构成了一个品种极其多样的独立王国，甚至可以称得上是和植物以及动物平起平坐的第三个王国。但是真菌是以已经存在的有机材料为生，它们用多种化学能力分解这些材料，将其变成基本颗粒，再从中构建出属于它身体的物质。在光滑的岩石上是找不到有机物的，所以真菌无法在上面生存，而地衣却可以。真菌与藻类联手就具备了在岩石上生存的前提条件。藻类生产真菌要消耗的东西。如果这是一种平衡的关系，就对双方都有利。

这样一种推断听起来不错，但是却没有考虑到一个决定性的先决条件。对于这个共生关系而言，如同植物生长一样，水和矿物质都很重要。原则上来说，岩石上有足够的矿物质。但是众所周知，植物的根系没办法长在石头上，石头不也同样含有丰富的矿物质嘛。那是因为石头上很难存贮水分。与含有腐殖质的土壤相比，没有植被的底土日夜温差以及一年内的温差上下波动要大得多。裸露的岩石、粗粝的表面，完全没有腐殖质的表面，甚至墙面都不是适合孕育生命的场所。但是在山区、海岸边、冰川边缘地带和沙漠里，总有一些比较大的地表能被露水打湿一点。地球上这些地方的面积加起来也是一个巨大的数字。经过几百万年的进化，地衣适应了这些特别的生活空间，而绿色植物在此完全没有生存可能。地衣有许多不同的种类，也从一个侧面说明了它取得的巨大成功，还有地衣应对不同生长环境的高度专业化程度。它甚至还侵入了比它更有优势的植物的部分空间，例如树干上、树叶表面以及暴露在外的树根。

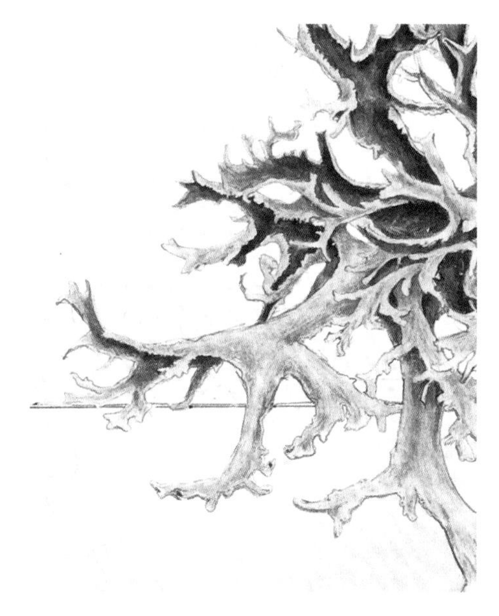

到底是什么让地衣如此成功？真菌和藻类合二为一之后产生了很多新的特性，总结起来有两点：不屈不挠和知足常乐。正如我在前面已经强调过的：地衣耐高温、抗严寒和耐干旱的能力远远高于绿色植物，这一点主要归功于真菌这个伙伴。真菌非常节俭地使用对于藻类伙伴的生命不可或缺的矿物质。而矿物质要么来自于地衣下面的底土，要么是从空气中由风或者暴风雨携带而来，所以地衣生长得非常缓慢。如果旁边没有生长更快的植物形成竞争，这倒还算不上什么缺点。恰恰相反，地衣甚至还能在高毒性的土地或含毒素的岩石上生长，当然仅限其中的几种。过去几十年间地衣的死亡显示这个超级物种也败下阵来，本来长在城市和工业区的大多数品种的地衣，附着在建筑物表层和树干表面，它们承受不住严重污染的空气，纷纷死去。地衣成了一项“生物指标”，反映出对人类而言同样危险的空气污染浓度。经过大范围的、花费巨大的改善空气质量的措施，地衣在几十年后又重新回归，无论现代技术如何发达，地衣这项指标都比测量工具还令人信赖。自从煤和其他燃料经过了脱硫处理，环境出现了新的变化，地衣也会重新出现。以前造成了地衣死亡和建筑物严重受损的“酸雨”现在已经变成了“碱雨”，因为雨水中含有过高浓度的氮化物。有几种地衣疯长起来，包括石黄地衣和灰色地衣，它们甚至能长在金属管子和栏杆上面。在中欧大部分地区，我们呼吸到的空气早就不是大自然应有的空气，而地衣很清楚地表明了这一点。

既然地衣能获得充足的，甚至是过于充足的矿物质，为什么它们还长得那么慢呢？还有一个更常见的问题：如果这种共生关系如此成功，为什么它们仍然是被挤在边缘地带的一种假植物？这些问题真不好回答。生活中习以为常的现象会大大影响我们观察生命的方式。因为我们无意识地用习惯了的东西作为标准，如果偏离了一点儿我们就会觉得是不正常的。我们暂且不要考虑这些，只是对比着观察一下植物和地衣。地衣长得很慢，藻类伙伴的生产和真菌伙伴的消耗几乎完全相互抵消。作为生物，它们与周边环境形成了一种长期持久的平衡。如果周边环境改变很慢，那地衣的生长和改变也相应很慢。地衣可以视为与周边环境保持平衡的典范，我们也希望能达到这样的状态。

而植物则完全不同，它们比地衣长得快而且更加强壮。生长对植物而言意味着长高，增加体量。比如树木生长就意味着木材出产量的增加。仅凭植物自身无法与周围环境达到某种平衡。如果植物没有被吃掉、被使用，或者倒伏的话，它就会一直生长，直到能量供应不足而枯死。植物在遥远的古生代曾经无比繁茂，最终变成了煤炭和石油。因为植物生长强度有差别，所以在很长一段时间内会导致大气中氧气和二氧化碳的含量大幅上下波动，也会影响气温。植物的过量生产使得大型动物得以产生，而在所有这些植物消费者中，数量最大也最浪费的一个物种就是人类。我们人类的生活和决定着生活方式的经济都取决于这种过量生产，取决于植物的生长，我们总是奢求这一点，因为这是我们的生活方式和经济系统运转的必要前提条件。我们没办法像地衣那样过上一种与周边环境平衡的生活。只有屈指可数的几种动物能做到这一点，例如有些蛾子的毛虫（中欧生活着裳蛾科的几种蛾子，彩图中是一种夜蛾），不过它们相对而言数量很少，要看树皮上地衣出现的频率。另外还有生活在苔原这种极端环境中的几种体形较大的动物，例如驯鹿。驯鹿在冬天主要依靠以它们命名的驯鹿地衣为食，这种地衣还养活了麝牛和旅鼠。作为食物，地衣的营养还是很丰富的，尤其是矿物质含量很高。一些生活在北极附近地区的人类族群甚至用发酵的地衣来酿造一种风味独特的啤酒。

鹳形目涉禽与鳄鱼

29

鹳形目涉禽与鳄鱼

有些共生关系看起来很明显，不过还是经过深入研究之后才为人所知。在美洲的热带和亚热带地区生活着鳄鱼、短吻鳄和凯门鳄，在相同的区域也能看到鹳形目涉禽，例如鹳鸟、鹭和朱鹮，它们会在水边的树上筑巢养育雏鸟。这没什么大惊小怪的，因为大型的美洲鹳、林鹳和巨大的裸颈鹳都要用鱼来喂养后代。但是时不时也能看到这样的场景：鸟巢里的小家伙们会栽下来，正好掉进鳄鱼的大嘴巴里。所以有些懒惰的鳄鱼发现某些树上有鸟巢，它们干脆就在树下守着。在这个地区，鹭鸟巢穴的下方闻起来都有一股死鱼味，那是从巢里掉到地上的死鱼发出的味道，而这种情况时有发生。于是一大群苍蝇围上前来，到了夜里，狐狸也会来叼走白天剩下的部分。黑鸢，一种像鸢一般大小的猛禽，甚至还尝试着飞到鹭鸟的巢穴里去偷食，对于这种鸟类中的半寄生者而言，巢里的垃圾已经足够丰盛了。说它是半寄生者，因为它完全有能力去扑食小型猎物，可是它偏偏更喜欢食用动物性垃圾，可能也是因为动物的尸骸随处可见吧。黑鸢飞行时两只翅膀成一定角度，露出浅叉形的尾巴，身体为深褐色，所以很容易辨认，我们在中欧经常看到十几只黑鸢聚集在开放的垃圾堆上，在非洲和印度它们是几百只甚至上千只聚在一起的。更好的垃圾分类让它们的日子不太好过。凯门鳄和短吻鳄的行为方式差不多，只不过一个主要生活在陆地上，另一个在水里。

细心的观察者不会漏掉一个细节：鹳和鹭挑选的那些做窝的地方并不符合我们的想象，我们觉得它们可能会挑选一些特别强壮的树，它的枝杈能够支撑住沉重的鸟巢；或者我们会首选小岛上的树或岸边长的树，而不是那些远离水面，还经常受到人类干扰的地方。因为鹳、鹭和朱鹮（如果有的话）只会在巢穴附近很小的一片地方找寻食物，所以它们不必非得住在离水面很近的地方。我们这里的苍鹭基本上都将巢建在离水面几公里远的很高的树上，尤其喜欢云杉和橡树，还有一些鹭在芦苇丛里筑巢。毫无疑问有更多的选址可能性，但是真正使用的地点反而没有那么多，尤其是在美洲，这里有很多不同种类的鹳、鹭和朱鹮。美国生物学家的最新调研也证明了这一点，他们提出了一个问题：鹳形目涉禽在树上筑巢，关于它们如何选择地点是否还有其他的原因，或者是更为重要的原因。

他们的调查结果其实并不令人意外。鳄鱼的休息地点和鸟类的筑巢地并非偶然分布，各自为政，而是很明显地处于一种关联之中，说到底还是和巢里掉下来的鱼有关！还有偶尔也会有体弱的雏鸟掉下来，鳄鱼也吃鸟。在鹭鸟的巢穴下方经常能看到雏鸟尸体的残留物，这表明凯门鳄和短吻鳄最爱吃的食物还是鱼，它们对摔下来的幼鸟兴趣不大，即便要吃也是等到幼鸟不再挣扎蹦跶了再下嘴。难道说这些鸟会专门给鳄鱼喂一些鱼吃，好让它们放过幼鸟吗？也许这样就能挽救某只在初次试飞失败而摔在地上的幼鸟，它的父母还来得及教会它如何往上飞，往外飞，去潟湖的岸边学会自己吃鱼。

这种想法很明显是人类视角编出来的故事。对鹳形目涉禽来说，幼鸟只要从窝里掉出去就相当于彻底失去了。无论幼鸟是掉在水里，还是挂在哪根树杈上在半空中晃悠，父母都不会再去管它。一旦它离开了鸟巢，就等于彻底没戏了，对父母而言它就不存在了。可是它们能从守在下面的鳄鱼那里得到什么好处呢？接下来的观察结果就更令人惊讶了，核心所在就是这些小鸟在争取更多的生存机会。如果几只鳄鱼规律性地蹲守在某个鸟巢下方，那么从这个鸟巢里掉出来的幼鸟数量肯定比没有鳄鱼蹲守的鸟巢多，而且多得十分明显！但是美国弗罗里达大沼泽地里的短吻鳄或者巴西潘特纳尔湿地里的凯门鳄都守在鸟巢下方，它们到底能给鹳形目涉禽带来什么好处呢？这个观察结果让我们前面提出的问题涉及的范围变大了，我们又得考虑更多的几种可能性。掉下来的鱼如果没有很快被吃完，就会招来很多的苍蝇，它们会不会危及到上面鸟巢里的幼鸟？有些苍蝇的幼虫会爬到幼鸟身上令它们变弱。如果这样的话，鹭和鹳就应该把鸟巢安在水中的树上。实际上，的确有一些鸟巢是这样的，不过这只是一种可能性，而且所占比例很小。关于鳄鱼问题的最终答案是通过一段录像揭晓的，画面展示了这些鸟窝里究竟发生了什么。如果树下没有鳄鱼，那么浣熊很容易就能爬到树上去掏鸟蛋或者幼鸟，浣熊爬树非常灵巧。在我们中欧地区也能看到浣熊在鹰巢里睡觉的场景。它们的嗅觉非常灵敏，隔着几百米的距离都能闻到哪里有鹭巢。臭鱼味是一个很理想的信号，就连我们的鼻子都能闻得到。大鸟们以鱼为食，还用鱼喂幼鸟，它们根本没办法彻底隐藏鸟巢，即便是将巢穴安置在水中的树上也不顶用，恶臭味仍然能飘散下来。如果从窝里掉下来的鱼恰好掉在小岛或者湖岸边的地上，那味道就会

最新被发现的鹳形目涉禽与鳄鱼这一对共生关系就像摆在我们面前的一面镜子，让我们意识到人类和自然打交道时犯了哪些错误。如果几只鳄鱼规律性地蹲守在某个鸟巢下方，那么从这个鸟巢里掉出来的幼鸟数量肯定比没有鳄鱼蹲守的鸟巢多。

更加强烈。如果鱼还足够新鲜，还能够食用，对于浣熊的吸引力就会加倍，而且它们也很喜欢窝里的幼鸟。

这些鸟巢又大又重，因为不仅要承受幼鸟及其父母的重量，成年鸟必须得飞回来喂食啊，另外还要能承受热带和副热带的风暴天气。因此不能挑选那些长在树的外侧，又细又摇晃得厉害的树枝，而是要挑选粗壮的、有承重力的树枝，但是这样的选择又让浣熊能够不费吹灰之力地爬上来。如果是在一棵很高的（折断的）松树顶上，或者是在高压线的高塔上筑巢，那对浣熊来说就困难多了，因为它们从下往上爬需要上臂悬挂在边缘才能把自己的身体晃上去，随时有摔下去的危险。不过这种巢在鹳和鹭的繁育中也非常少见，因为万一浣熊将整个窝打翻，里面的幼鸟全都得摔下去，浣熊就可以在地上享用一顿大餐了。浣熊是一种很机智的小动物。生活在美洲的两种浣熊分布非常广泛，生活区域从加拿大南部一直延伸到阿根廷北部。南美洲很常见的品种在德语里叫食蟹浣熊（拉丁文名字是*Procyon cancrivorus*），比北美浣熊（*Procyon lotor*）更喜欢生活在水边，以水中的食物为生。生活在中欧地区以德国为重点的浣熊就属于这个品种，它们在德国更是展现出了很强的创造力，繁殖得非常成功，已经不再属于濒危动物。不仅如此，严肃的科研调查表明，它们还非常具有破坏性。

我们只需要记住一点就够了：它们是野生动物，倒是不用老去怀疑它们搞破坏。在我们这里绝对不能把大部分雏鹰的损失都算到浣熊的头上，因为老鹰和以前一样都是被射杀的和毒死的，尽管早在几十年前它们就应该是被严格保护的鸟类。

既然好的鸟巢位置十分稀缺，那么对鸟儿来说，那些鸟巢的天敌就扮演了一个重要角色，很多时候更是能够决定鸟巢主人能否成功地繁育后代。如果大鸟做出了正确的选择，雏鸟就能活下来。但是做出正确选择的前提是有多个可能性供鸟儿挑选。很多由鸟巢天敌引发的损失，是因为缺少筑巢的好地方，因为树都被砍了，水岸边的自然湿地和灌木丛都被人类毁坏，而这些都是鸟儿需要的生存空间。鸟儿无法找到理想的筑巢地点，是因为这样的地方已经不存在了。最新发现的鹳形目涉禽与鳄鱼这一对共生关系就像摆在我们面前的一面镜子，让我们意识到人类和自然打交道时犯了哪些错误。在美洲虽然还有大量的荒野，但是其数量也在锐减，河流被改直、筑坝，鳄鱼被偷猎，因为鳄鱼皮的女士提包和鞋子大受欢迎。我们不能不假思索就去责怪巴西或者乌拉圭没有做好野生动物保护。我们这里也有以鱼为生的不同种类的动物，它们的日子还要艰难得多。特别是那些作为休闲项目经营的钓鱼场地，害得那些鹭、水獭，甚至体形迷你、有着一身光亮羽毛的翠鸟都没办法去那些地方捕鱼吃，可是它们的天性就是要吃鱼啊！鱼鹰和白尾海鸥几乎要灭绝了，也是因为它们需要捕鱼。更无法想象生活在水域之中要吃鱼的鳄鱼如果到了我们这里会怎么样。凭什么我们理直气壮地要求生活在贫穷很多的热带和亚热带地区的人们必须保护好这些野生动物，并且要考虑到凯门鳄、鹳和浣熊之间的互动关系，而在我们这里恨不得每见到一个鹳的巢就赶紧清理掉。其实如果人类允许的话，完全可以让不同种类的鸟在同一个地方筑巢，也许这种安排能起到一定效果。在本书末尾介绍的两种共生关系的形式涉及多种同类个体的共同生活，对我们有一定的启发意义。

群居织巢鸟的社区住所

30

群居织巢鸟的社区住所

体形如同麻雀的小鸟合力打造出了鸟类世界里最大的鸟巢：它超级大，就像一个底端切平的干草垛一样挂在树上。说它巨大一点儿都没夸大，因为这种群居织巢鸟的鸟巢直径超过5米，最高能达到3米，重量有好几吨。鸟巢的修建者长得和我们熟悉的麻雀相似，它们之间的确有亲缘关系，这种鸟体长14厘米，跟麻雀差不多大。这个巨型住所包含100多个小巢穴，甚至根据需要还能修建出更多，相当于一只群居织巢鸟体重的3000万倍，里面的状况很像人类居住的巨大社区。群居织巢鸟就像哺乳动物中的人类，是鸟类世界中独一无二的。不过它们与近邻相处起来比我们人类还要看重友好和合作。

这个巨型鸟巢是集体创作的成果——是里面的居民自建的住房。随着新的小情侣不断加入，需要加盖出新的房间，整个鸟巢也在持续扩大。它们也许就是在这个巢里长大的，到了交配年龄之后就成双成对地再给自己盖一个单间出来。有些群居织巢鸟的大鸟巢估计超过100岁了，可见作为住所它非常稳固，作为“居住社区”也很有凝聚力。在孵育高峰期，当雏鸟还在巢里需要父母照顾的时候，里面一派繁忙景象，观察者肯定觉得整体上看起来简直是乱作一团，不过这只是人类的感觉而已，并不能代替鸟儿们的主观感受。它们并不会搞混，一定能找到自己家的入口，喂养的也是亲生后代。

群居织巢鸟只生活在非洲西南部的一个特定区域——纳米比亚北部，具体说来就是从著名的埃托沙盐湖国家公园开始，朝东南方向延伸至西边的卡拉哈里沙漠。纳米比亚海岸线边极端干旱的纳米布沙漠内没有分布，潮湿多雨的南非西开普省和再往内陆一些位于东边的卡拉哈里半沙漠也没有。在这片区域里一定有某些特殊的生活条件，决定了这种群居织巢鸟的出现。最重要的因素大概可以从鸟巢来推测，鸟巢保护鸟儿不会受到某些特定因素影响。对鸟巢精确的测量证明了它可以降低温度的大幅波动，而对于正在孵化中的鸟蛋和刚刚孵出来的小鸟而言，这种比较恒定的温度是十分重要的。因为白天的室外温度会远远超过40摄氏度，而到了夜间又会大幅下降，尤其是海拔比较高的地区，会降到0摄氏度以下。这个巨型鸟巢可以将室外40摄氏度到50摄氏度的温差降到只有几摄氏度的微小波动。用一层层的草盖起来的屋顶很密实，雨水能够顺着草流下去而不会进入鸟巢内部。而巧合的是非洲本地居民的房屋样式也是用干草或干麦秆覆盖的小泥屋（就像北德海边那种古老的用芦苇当屋顶的房子）。我们已经描述了群居织巢鸟生活地区的气候特征：这里有极大的昼夜温差，很低的空气湿度，全年大部分时间晴朗无云，但是在极短的雨季则可能出现暴雨。这个社区住所经受住了这种外部环境的考验。

这种群居织巢鸟的鸟巢直径超过5米，最高能达到3米，重量有好几吨。

此外，这种巨型鸟巢还有更多的功能。非洲织巢鸟分布的主要地区是非洲南部和东部的热带稀树草原，这里有几种非常擅长爬树攀缘寻找鸟窝的蛇，其中包括毒性很强且十分危险的黑曼巴蛇。最常见的一种是鸟藤蛇（非洲藤蛇属），也是一种毒蛇，身体非常纤细，体长超过1米（也叫藤蛇），尤其擅长爬树，会对鸟蛋构成很大威胁。蛇对鸟巢造成的威胁究竟有多大，我们可以参照一下南攀雀巢的结构。这种体形较小的鸟是攀雀的亲戚，它们的巢像一个开口朝下而且底部出入口被封住的口袋，正确的鸟巢应该有一个弹性的入口，当幼鸟或者赶来喂食的成年鸟飞出飞入时，这个出入口可以开启和关闭。尽管织布鸟筑巢本领高超，但它们的喙部更厚一些，所以在精巧性方面还是比不上攀雀，攀雀的喙能够处理极细的纤维和羊毛。考虑到爬树的毒蛇，群居织巢鸟的巢挂在树枝最外侧，而且或多或少能来回摆动。有些大鸟巢的加盖部分是管子状的，入口朝下，而管子的长度则取决于蛇出没的频率。不过这种摇晃的悬挂式出入口带来的不适比不上坏天气带来的破坏性，尤其是狂风暴雨，除非将鸟巢建在有保护作用的树冠里，天气给鸟巢带来的损失才会比擅长爬树的蛇所造成的要轻一些，而这种建在一棵树上的巨型鸟巢在某种程度上抵消了这两方面的压力。蛇视力不行，看不到这种聚集起来的鸟巢，也听不到鸟发出的噪声，所以它们在几十棵甚至上百棵树里并不能轻而易举地找到有巨大鸟巢的那一棵树。在东非，松散的鸟巢是大部分群居织巢鸟的筑巢方式，比如说肯尼亚、乌干达和坦桑尼亚的国家公园里。不过这片地区夜间温度不像非洲南部那么低，而白天也没有那么炎热。高一点儿的树木也不像纳米比亚干旱地区和卡拉哈里沙漠那样稀少。在树上筑巢的织巢鸟只能被迫紧挨着修建自己的巢穴，直到它们被编织在了一起，之后保温和防寒的优势慢慢凸显出来，而且完全没有缺点。

为了理解这种巨型社区模式的优点，除了天气和天敌的压力这两个外部因素之外还要提到第三个元素：就是食物。在东非和非洲的大部分地区，食物的分配都不均匀，所以群居织巢鸟在它们松散的育雏殖民地里也是分散式分布的。在非洲西南部，降水分布极不规律，每次降雨量的差别也很大。地表的植物也是根据当地的降水情况迅速做出反应。草长得飞快，结出籽来，短时间内，种子多得吃都吃不完，对植物种子的食用者而言简直就是饕餮盛宴。可是在那之后就是很长时间的食物匮乏期。那些能直接快速吃到便宜食物的鸟儿当然能从中获益，可大多数品种的鸟都没赶上这场盛宴。而群居织巢鸟就恰恰根据这种特殊情况做出了调整，正是这种社区聚居的形式成就了它们。它们不用像其他种类的织巢鸟一样等到育雏期要到了才开始建造鸟巢，这个鸟巢作为居住地一直都能使用。甚至在纳米比亚高原冬夜的严寒中，好几只鸟挤在一个巢穴里还能相互取暖。它们一起修缮屋顶让其保持密不透水。等到不知道哪一天大雨终于倾盆而下浇灌这片干涸的原野，让嫩绿的小草长出嫩芽，鸟巢里一刻也不耽搁，立即就启动繁育期，可以开始孵育幼鸟了。鸟儿们还有一个备选方案，就是不需要找寻一个固定住所，而是追随着降雨，在很大范围内迁移生活。它们要趁着有利条件，草籽还有地里的庄稼都熟了，赶紧将蛋孵出来。群居织巢鸟的近亲——红嘴奎利亚雀就是这样做的。它们组成的鸟群足有百万只，的确不断地威胁和吃掉了人类的收成，所以在美洲的某些地区，人们将这种鸟和蝗虫一样列为害虫。

正是因为采取了这种游牧转战的战略，红嘴奎利亚雀的足迹遍布整个非洲大陆，它们唯一没有涉足的地方是封闭的森林地区，因为那里不会长出成片的植物种子。与它们相反，群居织巢鸟的生活方式适应了纳米比亚高原和（西）卡拉哈里地区。它们的群居生活就是为了抵御高温、严寒和不规则的降雨。

可是共生关系体现在哪里呢？在遥远的非洲西南部，这种像麻雀一样小的鸟在合作中筑巢和生活，这非常有趣，可也算不上是一种共生关系吧？因为参与了筑巢的那一对对伴侣都是属于同一个种类啊，说到底这是一种社会行为。其实这种聚居社区里不只生活着群居织巢鸟，有迹象表明它们与其他鸟类形成了一种共生关系。一种小型鹦鹉——桃面爱情鹦鹉最喜欢在群居织巢鸟的巨巢里当一个租客。在其他地方的大鸟巢也会吸引其他种类的鸟。在中欧地区也经常能观察到麻雀跑到鹳或者鹰的巢里去做窝。这种桃面爱情鹦鹉在体形上比群居织巢鸟稍微大一点儿，同样属于体形娇小的类型，所以能钻进还没有鸟居住的小巢穴，可是它们的行为方式跟群居织巢鸟完全不同。鹦鹉最典型的特点就是爱叫，所以很吵，尤其是当它们看到空中有天敌接近时就叫得更大声。小型的鹰很喜欢抓群居织巢鸟，更何况它们完全不会还击。群居织巢鸟的巢和里面的住户很容易招来小型的天敌，而警觉的鹦鹉往往能及时发出警告，这就使得它们成为鸟巢修建者的伙伴，即便谈不上是受欢迎的租户，但是起码不会遭到驱逐。而梅花雀科的一种红头环吼雀的运气就没这么好了，它们和群居织巢鸟一样，一到雨季就要迎来孵育期，它们总想跑到群居织巢鸟的巨型巢穴来碰碰运气能不能当个租客。另外一个租客是非洲侏雀鹰，这种体长可以达到30厘米的鹰一般会成双成对地飞到群居织巢鸟的巢旁边进行孵育，或许它们可以在其他的鹰进攻时保护毫无还手之力的群居织巢鸟，而这种非洲侏雀鹰的食物是大蝗虫、小型爬行动物和小老鼠，很明显它们极少会以群居织巢鸟及其幼鸟为食。即便它们偶尔吃几只，这个损失和它们的保镖作用相比还是值得付出的。不过对此我们还是了解得不够多，能肯定的一点就是这种巨型社区不仅是某一种群居织巢鸟的住所，这些巢构成了广阔的纳米比亚和（西）卡拉哈里的一个个焦点和热点。另外，我们还可以借用描写人类住宅时使用的概念来表述，那就是共同的居住场所比单个建筑更节能、更便宜，不过这当然又是站在人类的视角做出的评论。

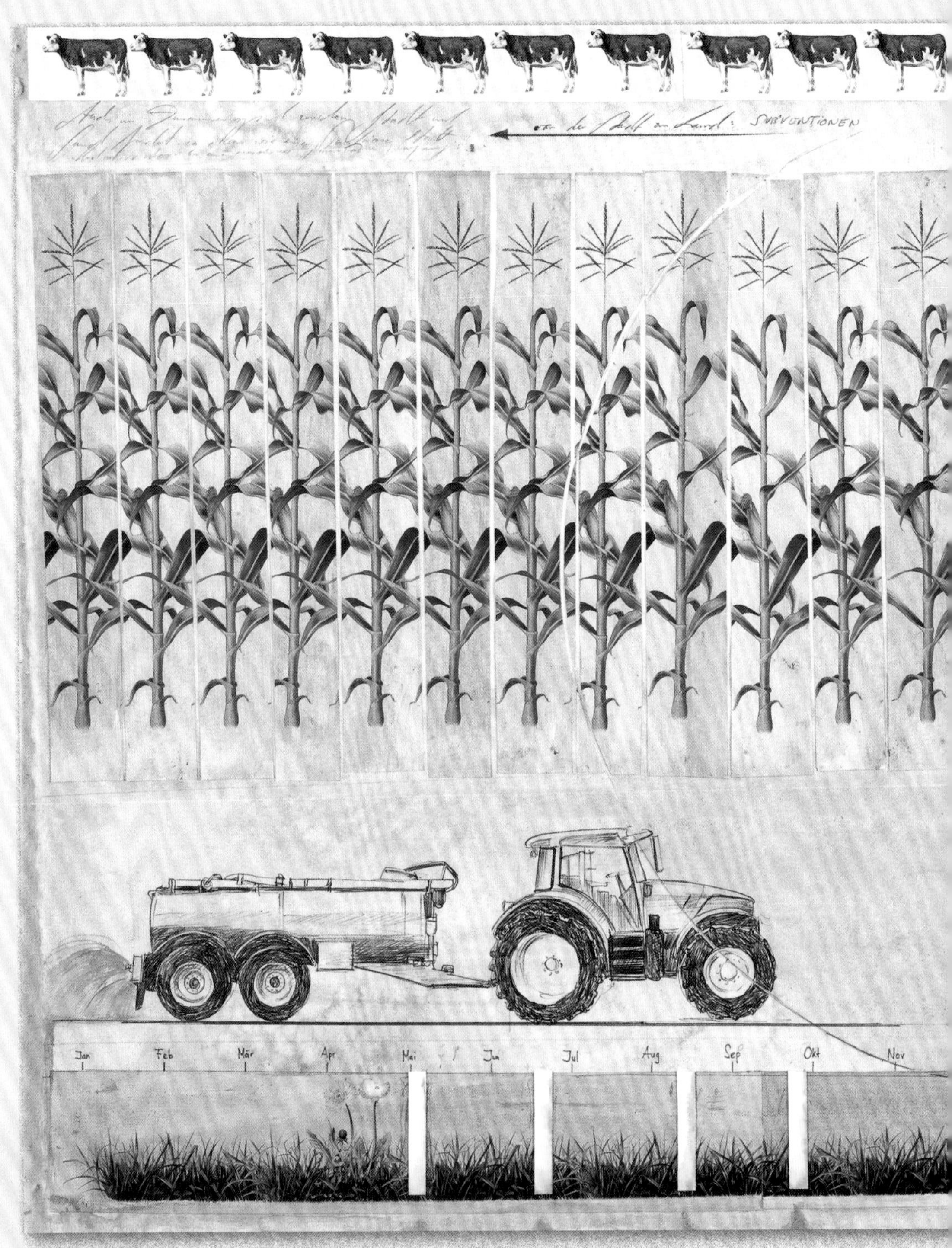

城市与乡村——最难的一种共生关系

31

城市与乡村
——最难的一种共生关系

让我们来回顾一下前面讲过的30个共生关系的例子，它们展现了不同物种之间共同生活千变万化的不同形式，其中的核心问题就是参与者能够获得的益处，而这种益处也绝不可能实现完全的对等。但是这种分配上的差异又不会发展为对其中一方的彻底利用乃至变成寄生关系。而有一些共生关系则相当松散，只在某些时间段发挥效果；而另外一些共生关系有可能是我们人类在观察和解读时臆想出来的。也许读者总是会有这样的印象：在大自然里有些事情和在我们人类世界也差不多嘛：完全没有矛盾冲突的共同生活毕竟是极少数。法律规定和文化惯例总是制造约束或者强迫我们做出违背自己内心的事情。尽管我们总是以此为傲：毕竟与动物和植物世界以至微生物世界相比，人类作为一种生物是会思考的，是必须承担责任的，而且我们在努力创造出更好的条件。因此我觉得在本书的结尾处有必要离开生物学家们为这些共生关系划定的界限，也将人类生活的重要领域作为观察对象来研究一番。我们人类世界有工作分工，所以不同的小组（几乎）像不同的物种一样共同生活，合作的方式也可以视为一种共生。仅仅是这个视角就说明跨越界限将人类生活当作共生来研究是值得做的一件事。

其实在大自然里根本不存在固定的界限，这就令我们给出明确的定义十分困难，可在进行科学研究的时候又不得不努力尝试给出一些定义，尤其是人文学科更是有这样的要求。等我们好不容易确定了界限，立即就会出现很多特例。有些人原则上抗拒用生物学的研究方法来研究人类。他们认为：在人类社会中要遵守特别的规定。大自然早就失去了发言权，已经成了人类的臣仆。觉得人类高高在上的那些人，都是对现实视而不见的。人类的行为举止有太多太多的错误，我们很难坚持人性和理智，如果有这样的追求简直要处处碰壁。但凡人类的举止有一点儿人性，我们也就不会有人口爆炸、气候危机、饥饿和战争了。早在2000多年前的古代就有这句表达生活智慧的话：人是人之狼。宗教认为教育可以让人向善。也许到时候就无须宗教了，人的天性会是善良的、合作的。在任何人的交往当中，不信任和信任总是如影随形。人类从一个整体分裂成不同民族和国家，发展出各自的语言和文化，拒绝其他的生活方式，或者认为别人的生活方式是低人一等的，所有这一切导致人成了人类生存下去最大的问题。现在我们急需更多和更紧密的合作。从中长期来看，人类想要存续下去，就必须发展成各种共生关系的集合体。所有的困难绝不是从当前的全球化开始之后才突然涌现的，人类在过去500年的时间里一直都在经历全球化，自从西班牙和葡萄牙的航海家发现了美洲大陆之后，包括紧跟其后的殖民主义。之后人类生活的足迹扩展到了全球各个角落，也包括他们的疾病、宠物和经济作物以及一系列不请自来的动植物追随者，这也给许多土著居民及其文化带来了影响深重的后果，当然对征服者而言同样如此。

我们人类世界有工作分工，所以不同的小组（几乎）像不同的物种一样共同生活，合作的方式也可以视为一种共生。不同的伙伴一起生活并非易事，这不是依靠自发就能做好的事情。我们急需公平的、均衡的解决方案——而且一定要符合所有人的利益。

这种让别人臣服并彻底剥削其他民族的殖民主义还在继续，尽管形式上已经不复存在，因为那些曾经的被殖民国已经纷纷获得了政治上的独立。其实在20世纪下半叶，殖民主义已经转移到了经济层面，变成了以最为有利可图的贸易方式来剥削自然资源和劳动力。因为全部的操作都在明面上进行，我们反倒是大睁着双眼都跟没看到一样。所以我在本书即将结束时挑选了城市与乡村作为例子来表明我的上述观点。

从生态学的观察角度来说，乡村负责生产，城市负责消费，因为生产和消费必定会产生垃圾、废料，而必须尽可能高效地对其进行循环利用，这样一来，生产—消费—循环利用就形成了一个闭环，这是最理想的状态，这样就形成了所谓的生态系统。非洲稀树大草原上的水牛（还有吃掉水牛身上蜱虫的牛椋鸟，参见“牛椋鸟、水牛和其他动物”一章）、羚羊和斑马全都依靠植物的生产。它们的粪便又滋养了土壤，从而让大草原可以保持生产力。生活在城市和乡村的人被一种类似的方式联系起来。我们这个时代的生态运动提出的思想和政治主张就是人类生活要和自然界的生命过程彻底一致。我们追求的目标是尽可能让所有人都能拥有良好的生活条件，降低人类活动造成的空气污染、水污染和土壤污染，推进可持续的、面向未来的继续发展，减少垃圾，提高废物再利用效率，尽量使其进入循环利用的闭环。一切都应该以大自然为榜样。在20世纪最后25年产生了生态运动并成长为一支重要的政治力量，原因在于对自然资源剥削式的利用，将有毒物质排放到环境中，工业化的进程中生活环境持续恶化。工厂和汽车排放的废气污染了空气，土壤被毒化，水中含有过多有害物质。现代环境保护推进人类与大自然的健康发展所急需的改善，在废水和废气清洁化、噪声防护、监控有毒物质对食品与自然环境造成的破坏方面投入了大量资金。造成大量有害物质排放的生产方式被大大限制，甚至彻底关停。我们支付了很多金钱用于垃圾处理和废水处理，用于制造干净的饮用水和噪声治理。经过半个世纪的环境保护，发达国家人们的生活质量得到了极大的改善。工业生产不能再像以前一样一味追求高收益，而是必须接受自己只是一个整体当中的一部分，因此也要像共生关系中的伙伴一样。

在这种协调一致的伙伴关系当中有一个领域是特例，那就是农业，正是靠它养活了人民大众，特别是城市里的居民。在先进的环保科技日新月异的50年中，农业的发展走上了一条不一样的道路，远离了一般性的共同认知，发展了大规模动物养殖，实现了高度工业化的植物生产以及制造“绿色能源”。跟人类的废水不同，养殖业中食用动物的粪便未经清洁化处理就直接排放到了土地中。在植物种植中大量使用有毒物质，用量大大超过了以前工业排放的废料。整个国家的土地都施肥过度，因为农业用地必须达到最高产能。在20世纪最初二三十年，当时的庄稼产量勉强能够养活地球人口，那时的施肥量是每年每公顷土地上播撒了30千克到50千克氮（以纯氮计算，而不是化肥中的那种氮化物）作为纯肥料；而近几十年间这个数字是每年每公顷200千克。每年流进土地里的有机肥是人类废水排放量的好几倍，可是人类的废水都是经过处理的，使用了复杂的技术和花费巨大的净水设备。这种过分依靠有机肥的经济和过量施肥导致的一个严重后果就是难以保障饮用水水源的质量。农场主竭尽全力不想让自己的农田被列为饮用水水源保护地，否则他们就不能使用那么多的肥料，或者禁止施肥。另外一个问题就是在大规模养殖中使用了大量的药物，尤其是抗生素。这件事的潜在危险就是会发展出服用抗生素也没用的病菌，那种抗多种抗生素的超级病菌。现在的农田里大面积地种植玉米，土地一直到夏季都没有被植物完全覆盖住，遇到初夏季节的强降雨，大水会将肥沃的表层土冲走。地表径流更是加大了发洪水的危险。有机肥会释放出对大气有影响的成分造成空气污染，而且恶臭也影响农村地区村庄和小城市里居民的生活质量。

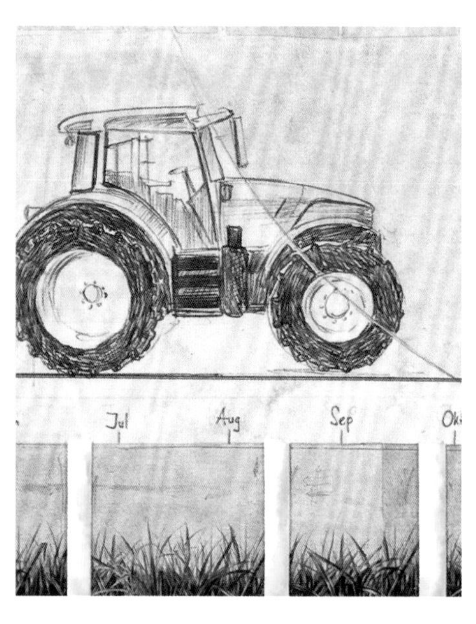

没有哪个工业门类像农业这样造成了巨大的环境负担，影响到居民生活。为什么农业享有这种特权？社会，尤其是城市居民又能做出哪些补偿？极其便宜的食品，超市里的肉、牛奶和粮食产品价格都纷纷探底，但是这些便宜的价格并不能说明它们是怎么来的，究竟让我们付出什么作为代价。农业系统是享受政府补贴的，税收都流入了农业，还不算提供饮用水以及水经济所需措施的花费，它们都与农业用地使用造成的后果密切相关。这些费用都没有体现在食品价格中。还有发洪水造成的损失也得大众来补偿，尽管造成大水的原因是大面积种植玉米，疏浚河道，在河流两岸没有缓冲区，大的河流附近缺少围垦的土地。农业地貌已经按照大型农业设备做了改造，没有人考虑过这样做的后果和可能引起的损失是由肇事者承担的。

工业化农业引发的大自然的损失仍然无人顾及。耕地上的动植物世界消失了。在田野里基本上已经看不到云雀的身影，野兔和山鹑极少，在常年绿色的高效种植田里更是再也看不到五颜六色的野花。在图片中它们被挤在一个角落里，但是从面积占比上被明显夸大了。其实只有在极少数的耕地上还保留了丰富多样的大自然。如果想看蝴蝶，请到城市里面的花园和公园里去找。耕地变得荒芜，大面积单一种植，没有什么“风景”可看，越来越像一块纯粹的生产用地。消失或数量减少的动植物中绝大多数都是间接或直接受到了农业的影响。尽管事实就是如此，但是农业却并没有受到《自然保护法》的限制或者要求。在食用动物养殖的过程中也基本上可以无视《动物保护法》。而狗、猫、仓鼠和豚鼠这些家养宠物，为了让它们过得好，饲主必须严格遵守有关的规定，可是猪、奶牛和鸡却不受保护。

除此之外，我们的农业也搭上了全球化的列车。我们的农业需要进口动物饲料，否则就没办法养活那些数量过高的存栏牲畜。在南美洲的热带和亚热带雨林，砍伐了数量不可想象的森林，就为了开垦成耕地用来种植大豆，欧洲的圈养牲畜就这样啃噬了热带的生物多样性。这也使得那些穷人的生活条件更加恶劣。因为饲料出口虽然能够挣来外汇，但却不会给热带国家的人民带来基本的食品供应。随着几百万吨的饲料被运到欧盟，背后毁掉了热带和亚热带雨林，全球农业是造成大气层污染的罪魁祸首，也是生物多样性的最大破坏者，而且也造成了第三世界国家农业最惨烈的竞争局面，面对欧洲人和北美人的大规模生产，他们毫无还手之力。

从前的情况并非如此，一直到20世纪中叶，农业产量都很小。农民的日子很不好过，他们属于社会最底层，就像世界总人口中的大部分人一样，他们也在挨饿。农业收成在很大程度上依赖于不可估计的天气状况以及病虫害的发作状况。成千上万，甚至上百万的农民在18世纪和19世纪都移民到欧洲殖民地的新世界去了，特别是美国。他们在欧洲拥有的土地产量不够，于是大面积的土地在农业种植中实现了欧洲化，就连那些不适合欧洲土地耕种系统的土地也不例外，比如潮湿的热带贫瘠的土地。如果土地的产量不够，那就用面积来凑，这就意味着无止境的开垦。在不到300年的时间里，美国（不包括阿拉斯加）失去了超过90%的森林，曾经的大草原彻底消失了。

在20世纪下半叶开垦的主要是热带雨林，此前热带和亚热带稀树大草原的大部分已经完成了种植。没有其他人类活动像农业那样改变了地球。因此，我们这个蓝色星球的未来就取决于农业。当然还不仅是农业，还包括工业和交通，还有人类在建筑和居住方面的区域性及全球性的政治活动。如果农业继续此前的路线，那我们一直在追求的可持续性是无论如何都无法达到的。

那么，面对不断增长的全球人口总数我们就没有别的解决方法了吗？目前我们有75亿的总人口（2016年），每年还会新增几百万，再过几十年估计会达到100亿甚至更多，所有人都需要食物。难道不该物尽其用吗？很多人都会有这种印象，但在很多国家并不是这样。比如德国农业发展中很明显遵循的是完全不同的目标原则。农业的任务肯定不是保障人类的粮食生产，而是为制造能源进行了调整——所谓的“绿色能源”，因为德国农业的产量在过去几十年间早就超过了需求，是没办法全部消费完的。国家投入大量补贴来发展农业生产并不是按照它本来应该做的那样去进行，它造成了土壤、水和空气的污染，消灭了我们这里以及全球的生物多样性，还给第三世界的农民造成了无法逾越的竞争。它在一定程度上造成了世界上的饥饿，而不是为战胜饥荒做出贡献。紧扣本书的主题，我们可以说，这种农业不是共生，而是掠夺；不是伙伴和供应者，而是对社会和地球的寄生。这种局面必须改变，共生原则就是解决之道。城市与乡村，农业与全球共同体必须通过协调各方不同的利益和紧迫性有利于所有参与者。我们的农业不能再像现在一样通过对其他地区的剥削维持高产。自己的土地才是生存之本，我们要保住耕地并进行可持续性的耕作。要取消不透明的国家补贴，形成公平的价格，这样才能看到那些由于特定的，不见得是可持续性的耕作方式产生的成本。不能将这一笔负担转嫁到大众头上。农业应该仿效20世纪下半叶工业改造的路径，它必须是环保的，有利于社会的。共生关系提供了这样的框架。除去地区性的和短时的特例，农业中还没有形成共生关系。农民在大多数时候都是穷人、弱势一方和被剥削者。转回到对社会和土地进行剥削也并非解决之道。那些已然是寄生虫的人才应该被解决掉。被恶意对待者也到了该携手合作的时候——应该将整个不合理的系统都打翻在地。

不同的伙伴一起生活并非易事，这不是依靠自发就能做好的事情。大自然中的所有共生关系，经过深入一点的研究，都表明了这一点。形成共生需要几千年甚至几百万年的时间，然后这个共同体才能有效运行。已经有详细分工的社会和完成了全球化的人类并不需要等待这么长的时间。我们急需公平的、均衡的解决方案——而且一定要符合所有人的利益。

后记

很久以前我就对共生关系产生了兴趣。我为自然科学画插图，经常要涉及不同物种的共同生活这个主题。因为经常去中非和亚洲旅行，我得以有机会体会大自然的这一特征。最终，一次哥斯达黎加之旅真正点燃了我心中的火花。在能够进入的热带雨林里我看到的共生生命体比任何一处地方都更引人注目。在哥斯达黎加，我看到了兰花蜂用兰花的香味给自己洒香水来吸引雌性，还顺便轻轻松松地帮助兰花完成了授粉。类似的感受让我非常入迷，当场就画了很多素描。回家之后我仔细研究每一幅画，紧接着再将它们变成我绘画世界的一部分。

我的朋友约瑟夫·H.莱希霍夫特别喜欢这些画和这个主题，他说我们俩应该合写一本书。我的这些插图最适合用来唤起大众对共生关系的兴趣。

我想借助关于共生关系的插图世界将专业书籍插画变成一个更具艺术创造力的领域，并将我观察大自然的方式表达出来。

最终，经过与进化生物学专家约瑟夫·H.莱希霍夫的密切合作，这本书得以问世，这也可视为文本作者与插画师的一次共生关系，对此我感到由衷的高兴。

约翰·布兰德施泰特
2016年8月

著作权合同登记号：图字 01-2018-4458

First published in the series Naturkunden, edited by Judith Schalansky for Matthes & Seitz Berlin

图书在版编目（CIP）数据

共生关系 ：大自然中令人惊讶的共存方式 /（德）约翰·布兰德施泰特，（德）约瑟夫·H. 莱希霍夫著；张晏译 . -- 北京 ：北京出版社，2024.6

ISBN 978-7-200-17328-4

Ⅰ . ①共… Ⅱ . ①约… ②约… ③张… Ⅲ . ①共生—普及读物 Ⅳ . ① Q143-49

中国版本图书馆 CIP 数据核字（2022）第 134405 号

策 划 人：王忠波　　责任编辑：王忠波　邓雪梅
责任营销：猫　娘　　责任印制：陈冬梅
装帧设计：吉　辰

共生关系
大自然中令人惊讶的共存方式
GONGSHENG GUANXI
[德] 约翰·布兰德施泰特 [德] 约瑟夫·H. 莱希霍夫　著　　张晏　译

出　　版：北京出版集团
　　　　　北 京 出 版 社
地　　址：北京北三环中路 6 号
邮　　编：100120
网　　址：www.bph.com.cn
总 发 行：北京伦洋图书出版有限公司
印　　刷：北京华联印刷有限公司
经　　销：新华书店
开　　本：787 毫米 ×1092 毫米　1/16
印　　张：19.75
字　　数：230 千字
版　　次：2024 年 6 月第 1 版
印　　次：2024 年 6 月第 1 次印刷
书　　号：ISBN 978-7-200-17328-4
定　　价：128.00 元

如有印装质量问题，由本社负责调换
质量监督电话：010-58572393